TURING 图灵新知

和渊 ○ 著

高盈 ○ 绘

AI 时代，学什么，怎么学

人民邮电出版社

北　京

图书在版编目（CIP）数据

AI时代，学什么，怎么学 / 和渊著；高盈绘. --
北京：人民邮电出版社，2024.5
（图灵新知）
ISBN 978-7-115-64354-4

Ⅰ.①A… Ⅱ.①和… ②高… Ⅲ.①人工智能－普及
读物 Ⅳ.①TP18-49

中国国家版本馆CIP数据核字(2024)第090692号

内 容 提 要

本书作者依托丰富的一线教育实践以及对 AI 和当代教育的深入洞察，全面剖析了当下该如何正确且高效地使用 AI 工具提升学习与思考能力。作者从孩子需要具备的核心能力出发，探讨了在 AI 时代，孩子们应如何抓住机遇、科学应对挑战。同时，书中还详细分析了孩子未来在学科选择、专业方向、职业规划、人生发展等方面的关键决策，为家长与孩子提供了宝贵的参考建议。

本书适合孩子及其家长阅读。

◆ 著　　　　　和　渊
　　绘　　　　　高　盈
　　责任编辑　　魏勇俊
　　责任印制　　胡　南
◆ 人民邮电出版社出版发行　　北京市丰台区成寿寺路11号
　　邮编　100164　　电子邮件　315@ptpress.com.cn
　　网址　https://www.ptpress.com.cn
　　北京宝隆世纪印刷有限公司印刷
◆ 开本：880×1230　1/32
　　印张：7.75　　　　　　　　2024年5月第1版
　　字数：149千字　　　　　　2024年5月北京第1次印刷

定价：69.80元
读者服务热线：(010)84084456-6009　　印装质量热线：(010)81055316
反盗版热线：(010)81055315
广告经营许可证：京东市监广登字20170147号

人工智能的革命注定会对人类社会的方方面面造成极大影响。但对每一个个体而言，焦虑和不安大可不必，因为我们只有一条路可以走，那就是适应和理性应对。不管人工智能如何变革，每一位青年学生在成长过程中都应掌握批判性思维和逻辑能力，这些素质不仅是创新和适应未来发展的根本保障，也是人工智能产生的根本原因。这本书很及时，书中提到的 AI 时代的八大能力值得大家参考和借鉴。

——施一公

西湖大学校长，中国科学院院士

人工智能的迅猛发展极大地推动了教育领域的进步。我们无须担忧人工智能会颠覆教育，反而应当庆幸拥有了更为强大的辅助工具。正如有了计算器，我们不必再徒手去做烦琐的计算；有了搜索引擎，我们不必再去图书馆翻箱倒柜。教育的任务是让学生学会利用这些高效的新工具，从而聚焦于培养机器所不具备的能力，比如同理心、好奇心和创造力。我推荐教育工作者和孩子家长阅读这本书。让我们一起为孩子们在 AI 时代打开一扇窗，引领他们走向更广阔的未来。

——刘彭芝

中国人民大学附属中学联合学校总校名誉校长

AI 时代对我们提出了新的挑战，也赋予了教育新的内涵。我赞赏作者能够将复杂的 AI 技术与教育实践相结合，并提出具有可操作性的教学策略。我认为这本书不仅为教育工作者提供了新的教育思路和方法，也为普通读者呈现了一幅科技与教育融合的未来图景。特别是书中对于培养未来社会所需的关键能力，比如对创造力、批判性甚至颠覆性思维能力的强调，与我多年的教育观念不谋而合。我建议每位教育者和受教育者，乃至所有对未来教育发展感兴趣的人都阅读一下这本书。让我们直面变化，迎接挑战，拥抱更加美好的明天！

——王渝生

国家教育咨询委员会委员，中国科技馆原馆长这是一本具有洞察力和实用价值的书。作为一名长期关注教育和个人成长的创业者，我深知在 AI 时代，学习方法的重要性远超学习内容。这本书不仅为我们描绘了一幅由数据和技术驱动的教育新景象，还勇敢地提出了在未来教育中我们应拥抱的核心能力。如果你和我一样，对于教育的未来充满好奇，那么这本书将是你的理想选择。

——罗振宇

得到 APP 创始人

和老师的这本新书实用性强，不仅展望了理想的教育以及 AI 对教育的重塑，提出了 AI 时代需要具备的八大能力，还解答了大家关心的问题，比如要不要学编程、要不要学英语、如何选专业等。推荐大家阅读这本书，解锁 AI 时代学习的无限可能。

——张萌

作家

未来教育需要更好的沟通交流，不仅包括学生和老师之间，还包括人和机器之间。和渊老师站在教育观察家的角度，结合认知心理学、脑科学和儿童心理学相关知识，深入浅出地剖析了人工智能如何赋能教育。通过构建八大支柱，这本书揭示了 AI 技术如何助力教育、激发学习潜能，以及培养适应未来社会的创新人才，非常值得阅读。

——二希

刘润读书会负责人

作为一名多年从事人工智能研究与技术落地的从业者，我始终相信，人类独特的科学精神、创新能力、批判性思维等是无法被 AI 取代的。AI 时代对人才的要求正在发生根本性的变化，我们需要的不仅仅是技术熟练的操作者，更是能够掌握科学技术本质、具备创新精神和伦理责任感的领军人物。教育的本质是什么？在新的时代里教育如何去适应 AI 给各行各业，尤其是教育行业带来的变化？这本书的作者从教育者的角度进行了独特的思考和有益的探索，书中提到的 AI 时代的八大能力值得我们参考借鉴，推荐大家阅读。

——程骉

微软亚太研发集团创新孵化总经理

不论我们是否欢迎，AI 时代正悄悄来临，人工智能对未来教育教学的影响可能会超出我们的预期。和渊老师结合自己多年的生物学教学实践、人工智能跨学科教学研究和丰富的育儿经验，阐述了人工智能对未来教育的影响、分析了 AI 时代必须具备的能力，并提供了适应智能时代的方法和路径选择。这本书既能为教育工作者开展人工智能赋能学科教学带来新的启发，也能为学生学习提供科学的指导，还能为家长更好地理解教育提供积极的帮助。

——袁中果

中国人民大学附属中学特级教师，信息技术教研组组长

目　录

第 1 章
人工智能重塑教育

第 2 章
AI 时代，我们需要具备的八大能力

第 3 章
面向未来，做好准备

人能学过机器吗？

在人工智能波澜壮阔的发展史中，每一次技术的飞跃都预示着一个新时代的到来。作为长期工作在 AI 技术前沿的工程师，我见证了从统计学习方法到深度学习，再到大模型时代的多次技术变革。以 ChatGPT 背后的 GPT 系列模型为代表的大模型技术的兴起是一个非常重要的"拐点"，或者说是"起点"。大模型以自然语言而不是编程语言为接口的特性，使得每一个人都可以成为它的用户，同时，大模型自身技术的成熟度的大幅提升，也使得这一技术迅速风靡了整个社会。

作为人类文明传承的基石，教育始终在随着社会的变革而演进。回望历史，从古希腊的学院到中世纪的大学，再到工业革命后的公立学校体系，每一次重大的技术进步都伴随着教育模式的转变。如今，随着第四次工业革命的到来，AI 技术的发展让我们又一次站在了教育变革的风口。现在，人工智能不再仅仅是技术人员的专属领域，它已渗透到每个人的日常生活中，其影响之广泛、未来之光明，是每个人都无法回避的话题。

作为一名应用科学家，我经常被问到的一个问题是：人能学过机器吗？

显而易见，人工智能在"算力"层面远超人类，但当我们谈论"学习"时，并不仅仅指的是计算的强度和速度。

首先，我们需要重新定义"学习"。学习不仅是知识和信息的积累，还是认知能力、适应能力、创新能力和合作能力的综合体现。人的学习包含了情感维度和社交维度，这是目前的人工智能所不具备的。当然，AI 能够通过算法模拟人的情感和社交反应，但这种模拟是否能称为"学习"，是一个值得探讨的话题。

其次，我们来探讨一下机器的"学习"。当前，人工智能通过机器学习、深度学习等技术，展现出了惊人的学习能力和适应能力。它们能够在短时间内掌握和执行复杂任务，可以处理文本、图片、音视频等多种类型的数据。然而，机器的这种"学习"依赖于大量数据的输入，以及整体以概率论为基础的数学运算，并不适合与人类的学习能力相提并论。

现在回到我们的问题：人能学过机器吗？在学习的某些方面，机器的确已经"超过"了人类，例如，在几秒时间里，大型语言模型就能

"阅读"几千字的文章并生成总结；图像生成模型能根据指定图片生成多张类似风格的精美画作，等等。然而，如果我们考虑学习的全貌，那么人的学习是一个更加动态、多维和创造性的过程。人类不仅能从经验中学习，还能通过抽象思维、想象和直觉来解决问题。我们能在阅读文学作品时体会到作者的情感，在看到一幅画时感受到画家的意图，在听一段音乐时领悟到作曲家的创作灵感，这些都是 AI 目前还无法企及的。

更何况，人类社会的学习不仅仅是个体的学习，更是集体智慧的积累。我们通过交流、协作和教育，共同创造出文化和知识的宝库。AI 可以成为这个过程中的工具，帮助我们更有效地学习和工作，但它无法取代人在这个过程中的角色。

因此，当我们谈论"学习"时，不能仅仅关注信息的处理和任务的执行，还应关注创造力、批判性思维、情感表达和社交能力的培养。在这些领域，人不仅能学过机器，而且必须学过机器。我认为，未来的教育不应单一地侧重于知识的传授，而应更加注重培养学习者的这些能力。这也正是我与和渊老师不谋而合的地方。她在书中详细讨论了 AI 时代必备的八大能力，包括提问能力、创造力、批判性思维、个性力等，这是每个人在未来社会中的立足之本。

未来的学习将是人机协作的学习。AI 技术将会释放人类的想象力和创造力，而人类的情感和直觉又会指导 AI 的发展，让其更好地服务于人类社会。在这个互补共进的过程中，"人能学过机器"将不再是一个简单的是非问题，而是人类如何使用 AI 成为更好的学习者的问题。我们期待的未来，是人机和谐共处、相互促进的未来。

和渊老师是我多年的朋友。她是清华大学的生物学博士，进入人大附中后不仅仅教生物课，还与该校的计算机老师共同开设了人工智能的课程，在遇到算法方面的问题时她经常向我咨询。我们一起讨论过很多技术方面的问题。同时，由于我俩都是小学生和初中生的家长，对于教育问题也非常关心，因此常常一起讨论 AI 对教育的影响、未来对孩子的培养等问题。我们对未来时代该培养什么样的孩子所达成的共识，她都写在了这本书中。

在这本书中，她以深厚的专业知识为基础，将 AI 技术使教育发生的变革、孩子们需要培养的能力、当下我们应该如何做等，以浅显易懂的方式展现给了大众。但她并不满足于对理论的讨论，而是进一步提出了具体的行动建议和学习方法，让读者可以行动起来，为未来做好充分的准备。我相信，任何一位渴望了解 AI 并希望在未来世界中找到自己位置的读者，都能从这本书中获得巨大收益。我衷心推荐这本书，希望它能启发更多的人。让我们一起在这个由数据和智能引领的时代中创造出属于自己的未来。

微软（亚洲）互联网工程院首席应用科学家，李烨

送你一本 AI 时代的"教育沉思录"

当你回顾 2023 年时，你会想到什么？

ChatGPT、大模型、涌现、人工智能……这些词恐怕你都不陌生。站在人工智能这一历史性技术变革的十字路口，我们不仅面临着技术的升级换代，而且面临着教育理念和学习方式的全面革新。

在这本书中，我的同事和渊老师深入浅出地阐述了在 AI 时代，如何重新定义我们的教育目标和学习路径。和老师是一个清醒的思考者，通过这本书，她让我们去思考教育的问题、理想教育的模样以及为什么人工智能一定会给教育行业带来变革，这本书也是她对未来学习环境的清晰预见。在多年的教学生涯中，我与和老师的看法一致，也始终坚信，教育的本质是培养学生适应未来社会的能力，这本书正是围绕这一核心，为我们描绘了一幅教育的新图景。

在 AI 时代，"千人千面"的个性化教育逐渐成为一种可能。每个人的学习方式和节奏各不相同，AI 技术能够提供更加个性化的学习路径，从而提高学习效率和效果，这将彻底改变"灌输式""一刀切"的教学方法，让教育更加贴合每个学生的个人需要。

这本书强调了 AI 时代的 8 项核心必备技能——提问力、创造力、批判性思维、个性力、高感性力、沟通能力、自驱力和决策能力，这是每一位学习者在未来世界中立足的基石。这些技能不仅仅是学术知识的累积，也是个人综合素质的体现，除了适用于学生，还适用于所有想在这个快速变化的时代保持竞争力的人。此外，这些技能不仅仅是职业成功的关键，也是我们作为人类独特的、不可被 AI 替代的品质。

作为一名长期从事科普教育的教师，我深知保持学习行为的重要性，尤其是在快速发展的科技时代。这本书会引导我们思考在 AI 主导的未来世界中，如何平衡学术成就与未来发展，以及传统的学习科目（如编程、数学、艺术、语言等）是否还值得我们花大力气去学习。我非常赞同和老师的判断，在 AI 时代，编程不再仅仅是一门技术学科，它已转化为一种思维方式、一种解决问题的方法等。数学、艺术、语言等传统学科也在新的学习环境中焕发出了新的生命力，这些学科不仅为 AI 提供了基础，也在培养我们的逻辑思维、创造力和人际交往能力方面起到了不可替代的作用。

　　这本书对于未来专业的选择、工作的预测和建议也是极具前瞻性的。正如比尔·盖茨（Bill Gates）所说："技术本身并不足以改变世界，重要的是人们如何使用技术。"在未来的工作环境中，AI 将扮演越来越重要的角色，因此我们必须学会与之协作，发挥自己的独特优势。与其被动地适应技术的变化，我们更应该主动地利用这些变化来提升生活品质和工作效率。这就要求我们不仅要学习如何使用新技术，也要理解这些技术背后的原理和逻辑，培养一种终身学习的心态，不断适应变化的环境。

　　最后，我想说，这是一部非常及时和必要的作品。它不仅是一本关于学习方法和教育理念的指导书，也是一本引导我们深思如何在 AI 时代保持人类独有的创造力和思维能力的"沉思录"。它不仅是一本教育指南，也是一本生活指南，可以引导我们在 AI 时代找到自己的位置，展现我们作为人类的独特价值。

　　无论你是教育工作者、学生，还是对未来教育充满好奇的读者，这本书都将为你开启一扇通往未来世界的大门。

　　在 AI 的浪潮中，让我们一起学习、思考、成长。

科普博主，李永乐

AI 时代情感和知识教育的融合

最近的一个周末，我的孩子，一个刚上小学一年级的小家伙，兴奋地告诉我，他们学校开展了一个为期 3 周的"中国宝贝 宝贝中国"主题研究活动。这个活动内容丰富，涵盖了中国的历史国宝、科技进步、英雄人物等多个方面。小家伙想通过绘画来展示他的学习成果。考虑到这个主题的广泛性和深度，我鼓励他分享一下给他留下深刻印象以及他最感兴趣的内容。通过回忆和分享，他提到想在画作中融入大鼎、高铁、飞机、火箭等元素，以此展示从古代文明到现代科技的发展。虽然不擅长艺术，但我意识到 AI 技术迅猛发展，这正是一个引导孩子接触新工具的绝佳机会，也许这种体验能让他学起"科技发展"这个主题来更加兴致盎然。

我联系了在加拿大攻读计算机专业的堂妹，向她寻求帮助，因为我们经常讨论 ChatGPT 等科技发展相关话题。在堂妹的帮助下，小家伙与 ChatGPT 进行了远程互动，通过提问、判断、反馈和不断提出新想法，进行了一系列的头脑风暴。这个过程不仅帮助他完成了一幅令他满意的作品，也让他体验到了科技如何协助他将脑海中星星点点的元素和天马行空的想法一步步转化为具体的创作目标。

作为一名曾经的"叛逆学生"，我从义务教育阶段就开始对教育方式进行思考，并用一些"叛逆"行为挑战教育的束缚和限制。幸运的是，在成长过程中我遇到了理解和爱护我的老师，是他们的包容使我得以自由成长，并在高考中取得了不错的成绩。现在，作为一名母亲，我也一直思考如何将孩子培养成为有灵魂、有情感的完整个体，避免因单纯追求知识技能而忽略情感教育的重要性，最终将孩子的灵性抹去，造成情感缺失，以致将人变成"物"。

我在北京大学读书期间，汪丁丁教授曾强调，教育是要培养有灵魂的专家，我们教室墙上挂着的一块牌匾上也写着"向上之心强，相与之情厚"，这让我认识到，生命是由人与自然、人与人、人与自我之间多重维度的关系构成的。情感在这些关系中所起的作用至关重要，不仅影响我们的感知、思考和行为，也促使我们更好地追求自己的目标。因此，我在家庭生活中不断实践和探索，希望通过情感教育，让孩子未来能够基于内在支撑而有效地运用知识和技能，以发挥最大潜力。

读完这本书，我与和渊老师产生了强烈的思想共鸣。

这本书不仅分析了 AI 如何改变我们的教育方式和工作方式，还着重讨论了在这个新时代中我们必须具备的技能和素养。因此，它反复强调了提问力、创造力、批判性思维、个性等能力的重要性。在架构这些能力模型的时候，和渊老师引用了日常教学中的大量案例（比如生物课上对实验方案的讨论、抗生素 Halicin 的发现、蛋白质结构的预测、"缸中之脑"的实验、《我不是药神》的伦理学辩论等），深入浅出地为我们展现了她对此所做的思考。同时，她以一个生物学博士的严谨和扎实的作风，从认知科学、神经生物学等方面讨论了 AI 对教育的影响，书中对很多实验细节的描述连学金融的我看后都直呼过瘾，给我带来了很大的启发，这里就不"剧透"了，大家慢慢从书中体会吧。

我在日常工作中经常会遇到棘手的问题，这就要求我必须先明确要解决的问题或实现的目标，然后拆解目标或问题以找到实现路径，最终确定完成路径所需的资源。虽然 AI 技术可以在实现路径的拆解和资源建议上提供有效帮助，但在明确目标方面它无法主动提出有价值的建议，更多时候是被动接受信息并进行相应的信息处理和加工。因此，我们的想象力、提问能力、判断和选择能力，以及沟通和反馈能力，将决定我们能否让 AI 为我们提供最有价值的信息。这些能力与我们的目标设定、热情和兴趣所在，以及想要的生活方式密切相关，而且与内在情感德性交融促进。我觉得这就是教育的价值所在，也是个人成长的魅力。

　　这本书不仅是教育工作者和政策制定者的宝贵资源，对我们这些在变革时代中需要平衡职业和家庭的人来说，同样具有极高的参考价值。它可以帮助我们从更广阔的视角理解教育的未来，启发我们思考如何在家庭和职场中实施这些新的学习方法。强烈建议所有希望在这个不断变化的时代中保持前瞻性的人，尤其是那些渴望为自己和孩子铺设成功之路的家长和专业人士阅读这本书。

佳华科技 IPO 董事会秘书，王转转

放下孩子的成绩单，一起迎接未来

教育是人类亘古长青的话题，尤其是中国的学生和家长异常重视教育。

但是，谈到教育，不知道你脑子里蹦出的是什么词？以下是我收到的学生调查问卷中出现频率最高的 5 个问题。

(1) 焦虑

(2) 内卷

(3) 升学压力大

(4) 作业写不完

(5) 学习没动力

我有一个朋友，她家孩子在读初三，她和我说："孩子作业太多了，每天晚上都写到 12 点多才睡觉，早晨 6 点起来还要背课文，吃过早餐后，匆匆忙忙 7 点 10 分必须赶到教室。孩子睡眠时间不够，体育运动也不够，每天能把作业写完就谢天谢地了。"

我的另外一个朋友说，他家孩子在读初一，学校和班级都是比较有名的。他发现，除了他家孩子，班上其他同学已经把初中 3 年的数学全都学过一遍了。更有甚者，为了进入丘成桐数学英才班，有的孩子从初一就开始刷高三的数学强基题目，而且同学之间比拼得不亦乐乎。

听了这两个朋友的讲述，我被惊得哑口无言。

"教育内卷"使得学生之间的竞争越来越激烈。

于是，很多孩子和家长自然而然就想到了：与其赶不上，不如提前学，占据先发优势。

我能理解他们这样做的初衷，但也不禁为此感到非常担心。

作为一名生物老师，我先从生物界的观察中举个例子，说说我在担心什么。

鹌鹑在蛋壳里的时候是接收不到光的，只有从蛋壳里出来，光线刺激进入眼睛，它的视觉才开始发育。有一些研究者做了这样一个实验：在小鹌鹑出生的两天前，他们把它的壳剥掉，然后用强弱交替变化的光驱照射鹌鹑，结果，鹌鹑的视觉提前发育了。但是由于这个时候正好是鹌鹑听觉的发育时期，提前出现的光刺激损伤了它的听觉的正常发育，使得鹌鹑再也无法识别妈妈的声音了。可见，动物的成长是有顺序的，从触觉到空间平衡感，再到味觉、嗅觉、听觉和视觉，如果打破这一顺序，则会导致发育紊乱。

鹌鹑尚且如此，那么学生呢？著名儿童心理学家让·皮亚杰（Jean Piaget）在经过大量研究后发现，儿童的发展（包括智力、情绪和社会适应）也是有顺序的，在不同的发展阶段，应该学习与该年龄阶段相适应的内容，如果过早学习不符合认知范围的内容，则只会事倍功半。

例如，7 岁前的孩子属于前运算阶段，连基本的抽象思维都没有建立，有些家长就急着让他们学习初中的代数和几何，这样无疑打乱了他们的发展顺序。事实上，那些在较小年龄需要用至少半天时间才能理解（或者死记硬背了算法，却不能理解本质）的知识，在孩子上了初中之后，只需要花半小时就能学会。这样看来，过早学习完全是得不偿失。

原因主要有以下 3 点。第一，本来孩子可以用更多的时间去玩耍，却在小小年纪花费了大量的时间学习所谓的知识，损害了孩子的身心健康。第二，在学到这点儿知识后，孩子最开始可能会比别人有一定优势，但随着年级的升高，这点儿优势会荡然无存，这在教育学上叫作"凋零效应"。第三，提前学习这些知识时，孩子不会去探究数学的本质，反而养成了死记硬背公式的习惯，丧失了对学习的好奇心和进行探究的动力，完全不值得。

大家看，"教育内卷"导致的高压竞争环境不仅对学生的心理健康构成了威胁，还限制了他们探索兴趣和发展个性的空间。

我之前写过一本书——《成为学习高手》，得到了很多读者的喜欢。某一天，我收到了一位小读者的来信。以下是他信中的部分原话。

> 我的语文老师，讲课文时只念 PPT，然后让我们抄笔记。很多时候课堂索然无味，课下同学们（包括我）都认为一节课下来，除了抄笔记，全无收获。我渐渐丧失了对语文的学习热情。我认为的语文课，应该是走入文字背后，了解中国故事，阐明人生哲理，给人以启迪，但语文老师总是说："这个要考试，赶快抄下来！"难道语文课只是为了考试吗？我本来很喜欢语文，可是现在我根本不想听课。于是，老师讲课时我就自己抄诗集（现在抄完了《上林赋》，并给我喜欢的句子写了注解），但是，老师们说课堂是学习的主阵地，我这次语文又没考好，我觉得很愧疚，和老师，您说我该怎么做？

读完这封信我心里很不是滋味，不知道该怎么回复这位同学。这位同学反映的现象体现了一种课堂模式。虽然国家启动了新一轮课程改革，希望我们的教育能从根本上发生变化，破除唯分数论的单一评价指标，但是，课程改革的实施者是教师，教师的思想观念不变，教育怎么可能发生转变？如果教师还一直在过分地强调考试分数、记忆和重复练习，那么学生的创造性思维和独立思考能力又如何被激发？

有人会说："和老师，你太理想主义了。在当下，不拼成绩拼什么？你不要和我谈未来，我只看当下，我只关心考了多少分、上了什么大学，先考上大学再说，未来是以后的事情。"

可是，未来真的是"以后"的事情吗？我们看看当下正发生着什么变化。

2023 年人工智能领域最大的事件当属 ChatGPT 的横空出世。先不管它对其他领域的影响，仅以教育领域为例，它在人类主流考试中的成绩就令人刮目相看：在美国生物学奥林匹克竞赛中它的得分超过了 99% 的考生；在 GRE 考试中它的成绩接近满分；在荷兰的高中考试中它取得了平均分 7.3 分的成绩（满分为 10 分），高于所有参加该考试的学生的平均成绩 6.99 分。在某种程度上，ChatGPT 的表现已经可以超过 90% 的人类，申请美国名校并没有太大问题。

再给大家讲一个小故事。故事的主人公是一个六年级的小男孩，他想亲手给班里一个非常要好的朋友制作一张生日贺卡，但他不太擅长手工制作方面的事情。于是，他打开文心一言进行询问，文心一言给出了生日贺卡的制作步骤。他觉得操作起来也不是很难，于是马上准备材料并按步骤进行了制作。几天后，在将制作完成的生日贺卡交给好朋友时，小男孩还附了一张小纸条，他在上面非常诚恳地写了一段话："因为我觉得自己不擅长做手工，所以向 AI 工具寻求了帮助，这是我根据它的建议做的卡片，如果你觉得做得不够好，请见谅。"事后小男孩在向爸爸炫耀这件事的时候，爸爸听后哈哈大笑，说："你也太实在了吧，制作生日贺卡还要备注"参考文献"吗?"

还是这个小男孩，他在参加国际数学建模挑战赛（IMMC，一般是 9 ～ 12 年级学生参加）时，因为年龄太小，老师本想把他当作候补队员，让他多积累经验，但没想到，他所在的低年级团队居然取得了大中华赛区的一等奖，并闯入了国际赛程。虽然其所在学校在这个竞赛项目上很强，但历史上也没有这么低年级的团队取得过这样好的成绩。有人问他秘诀，他说就是把国外的人工智能大模型能力引入，自己搭建了一个适合团队使用的工具平台，这样团队就能让大模型帮助他们虚拟建模、生成论文框架、润色文字等。我觉得这个小男孩真是了不起! 有了 AI 工具，孩子们的能力再也不会像之前一样被束缚，他们绝对能做出很多我们意想不到的事情。

作为一名教育工作者，这让我不禁反思：当下应该怎么做? 因此，我问了自己如下几个问题。

(1) 既然 ChatGPT 在标准化考试中已经这么厉害了，那么我们还有必要"卷"成绩吗？

(2) 这种以牺牲孩子身心健康为代价的"内卷"有意义吗？

(3) 用拼命考高分的方式去应对未来的挑战，是不是"刻舟求剑"呢？

(4) 当下的教育投入产出比与我们那个时代还一样吗？

(5) 我们现在的焦虑在未来看起来会不会是一个笑话？

于是，我动了撰写本书的念头。我迫切地感受到，AI 时代对人才的要求正在发生根本性的变化。在这个以数据和技术为驱动的时代，创造力、批判性思维、跨学科学习能力和终身学习的意愿变得尤为重要。这也要求教育者不仅要传授知识，还要教会学生如何学习、如何思考，以及如何有效地利用技术。

不过，我并不想说服谁必须跟上时代的步伐，我只想做一个清醒的思考者，和愿意阅读本书的人一起探讨，我想回答下面几个问题。

(1) 以 ChatGPT 为代表的新一轮人工智能的发展到底能否真正改变教育？

(2) 如果 AI 时代必将到来，我们要如何面对？可以做哪些准备？孩子们需要发展什么样的能力（或者老师需要培养学生掌握什么样的能力）？

(3) 在无法改变现有考试制度的前提下，如何平衡学业成绩与未来发展的关系？

(4) 在 AI 时代，如何做好当下的选择，比如奥数、编程、绘画等还要不要学？什么样的专业和工作更符合未来发展的趋势？

(5) 未来教育、未来学校会是一副什么模样？

希望在本书中，你与我一起，给出这些问题的答案。

第 1 章

人工智能重塑教育

第1节 什么是理想的教育

　　在回答为什么人工智能一定会重塑教育之前，我想先跟大家探讨另外一个问题：什么是理想的教育？只有回答了这个问题，才能进一步回答为什么人工智能可以重塑教育，人工智能对于教育的改变到底是不是符合我们期待的模样。

　　既然只以分数论成败并非我们所希望的教育模式，那什么才是理想的教育呢？如果你读到了这里，就请先停下来，想想如果让你重新设计教育体系，那它应该是什么样子的？

　　我们可以一起来头脑风暴。头脑风暴的时候，先不要顾虑那么多，不用去想在现行的经济、文化、社会制度等条件下是否可行，就只考虑在最符合教育认知规律的情况下，到底怎样做才是培养人的最好方式。

　　下面是我的答案，不一定完全对，写出来供大家一起讨论。

一、不设立任何选拔机制，每个学生都值得被看见

教育系统有两大功能：一是选拔人才，二是培养人才。与此对应，就使得教育具有两个属性：一个是工具属性，比如帮助学生考上好大学、找好工作等；另一个是价值属性，比如帮助学生成为内心充盈、懂得生活的人。

然而，在某种意义上，"选拔人才"和"培养人才"这两项职责是相互矛盾的：只要有选拔，就意味着有淘汰。

只要有淘汰，就意味着肯定有一部分人不能被培养，或者不能被同等程度地培养。

只要有淘汰，人们就会趋之若鹜地让自己成为那个不被淘汰的人，"内卷"由此形成。

只要有淘汰，有人就可能从选拔方法里面钻空子、找路子，使得选拔无法做到完全的公平客观，导致选拔可能失效。

举个简单的例子。国家允许一些学校开展早期天才儿童的选拔和培养试验项目，进行小规模的试点，这对于国家发现人才、培养人才是件好事。学校开展这个项目的初衷，也是希望能够帮助一些天才儿童，使他们不会被正常的学制路径所束缚，从而拥有更好的平台和条件来发挥自己的天赋。

由于项目机制灵活，希望这些"天才儿童"能够自由生长，不要

受到来自选拔、考试等方面的影响，因此设置了小、初、高的贯通机制，但这使得一些家长趋之若鹜，把这当成了一种升学的捷径，逼迫孩子从很小就开始上各种辅导班，生怕"耽误"了自己家的天才儿童。结果导致项目在实施过程中变了形，选拔出的不是天赋异禀的孩子，而是被各种教辅机构加工过的"人工牛娃"。这不仅造成了"内卷"，还损害了孩子的身心健康，进而使孩子丧失了对学习的兴趣。

所以我认为，解决培养人的问题的最根本方法就是不设立选拔机制。根据霍华德·加德纳（Howard Gardner）的"多元智能理论"，每一个孩子都有自己的天赋，可能体现在音乐智能、体育智能、空间智能、语言智能等八大维度，因此，教育工作者的任务是发现每一个孩子的独特方面并加以培养，让每一个孩子都被看见，并在他们所擅长的领域开花结果。

但这仅仅是从一个角度来考虑是否要"选拔"，实际上，"选拔机制"对社会的影响远远不能只从单一的维度去考量和决策。要知道，选拔人才的方式从古至今都是存在的，它是维持社会正常秩序、保持阶层流动、维护社会稳定必不可少的重要举措之一，从这个方面来考虑，它的意义和价值也完全不同。因此，不能简单地一刀切，说取消就取消。这里我们只是说，单纯从培养人才的角度，可能没有选拔机制会更好。

二、学校：不是管理学生的行政机构，而是提供服务的"学业孵化器"

学校的管理更加去中心化，可能没有固定的校园、围墙和教室，也没有固定行政班的概念，采用小班化教学，没有年龄的限制，不同年龄的孩子混在一起学习，学制更加弹性化，可以根据学生的学习情况延长或者缩短。

学校之间的差别不大，每个学生在任何一所学校都能受到良好的教育，而且，并非每个学生都要上大学，有没有大学文凭与是否有好的工作关系不大。学校更类似于"创新工场"或者"学业孵化器"，不仅为学生的学习提供服务，也为学生解决真实问题提供服务。

学校的主要功能不是向学生传授知识，而是为他们提供一个社交场所。社交对于学习具有十分重要的作用，它可以促进学生之间的互动交流，有相同兴趣的学生可以聚在一起讨论，碰撞出思想的火花。学生在学习期间可以学任何自己感兴趣的学科内容，如果萌生了好的想法，那么可以申请学期间隔（gap year），在休学期间把想法实现成产品，进行商业化应用。

三、学生：个性化、定制化的自我探索和学习

学生对知识具有强烈的渴望和好奇心，愿意自由探索，具有自主学习的能力，可以自己决定学习什么科目以及学习的进度、难度、深度和广度，不用为了考试而学习，也不必追求学科的完整性和系统性。

学习方式是项目式、体验式、探究式的，学习的重点不仅仅是知识本身，还要理解一个学科的方法论和思维方式，并且着眼于解决真实的问题，从"因知而行"变成"因行而知"。

四、老师：具有科学家精神和企业家精神的指导者与支持者

老师关心每一个学生的发展，清楚地了解每一个学生的不同特点，他们不仅仅会在学业上给予指导，也会在思维方式上予以引导，从而做到因材施教、有教无类。每一位老师都具有科学家精神。

老师一边教学，一边开拓创新，去了解新的教育理论、探索新的教学方式，并安排新的课程活动和实践。每一位老师都具有企业家精神。

而且，老师会对每一个学生提供具有针对性的心理辅导和情感支持，陪伴学生的整个学习过程，呵护学生的心灵成长，给每一个学生犯错的机会，不抛弃、不放弃，让每一个学生的潜能都能得到充分发挥。

当然，这对老师的素质也提出了更高的要求。相应地，他们的薪资水平也会高于一般性工作，在社会上会受人尊敬，拥有一定社会地位。

五、教材：丰富有趣的数字化呈现方式

相比于呆板的书本形式，教材会以丰富有趣的数字化形式呈现，以把一个概念、原理的来龙去脉解释清楚。无须再冷冰冰地死记硬背结论，学生可以把事实还原到当时的历史背景下，了解问题产生的原因和背景。这样不仅可以激发学生的探索热情和欲望，还能引导他们自己得出结论，更多地去理解为什么要学习这些内容。

六、家长：终身学习者

在学生学习的过程中家长不再指手画脚，而是会以终身学习者的身份与孩子一起学习、一起进步。

七、考试：过程性的多元评价体系

不是一考定终生，甚至标准化考试的最终成绩也不再那么重要。

事实上，现在美国常春藤联盟中的一些院校已经不再看标准化考试的成绩了，比如哥伦比亚大学就表示，其录取过程根植于这样一种信念，即学生是充满活力的多方面的个体，不能用任何单一因素来定义一个人。

通过人工智能技术，我们不仅可以记录学生的学习轨迹（包括最初的问题、追问的问题、行动的过程，以及得出的结论和答案），还可以动态地展示学生的学习过程。同时，人工智能技术还可以帮助提供学生的学业表现，指导学生做自己最适合、最喜欢做的事情。

……

大家还可以写出更多自己的想法。

不过，当写到这里的时候，我不禁问自己：这样的"理想国"能实现吗？我突然冒出一个念头，之前我在清华大学读博士时的那种师徒制的学习方式、所接受的博士生训练和培养过程不就与之类似吗？

在实验室，我们做科研的目的不是学习知识，而是创造知识。实验室是一个实操的环境，我们要用学到的东西去做实验以进行探究，从而解决真实的科学问题。

我们的学习方式不是抱着教科书啃读和背诵，而是约导师去谈课题，平时则跟着师兄师姐学习实验操作。偶尔甚至是在别的同学做实验的时候，我偷着看几眼，听其他人闲聊几句，慢慢地居然就学会了。另外，我们每周都有固定的组会时间，同学们会讲述自己的研究进展并相互讨论，在这种环境下，我的演讲水平也提高了。

我们的导师颜宁老师会给我们自由探索的空间，我们可以自己选择要研究的课题、自行安排课题的进度、自己选择论证的方法、遇到困难时自己解决（自己实在解决不了时可以请人帮忙）。总之，课题是自己的，我们要对自己的课题负责。

实验室里没有人会自称"老大"或者"权威"，在科学面前，我们只追求真理，无须对导师唯命是从。颜老师不仅在学术上非常优秀，在思想上也非常开明，她鼓励我们提问、质疑权威。实验室里人数并不多，一个导师一年最多带两个学生，颜老师不仅负责我们的学术，在我们做不出课题、情绪非常低落的时候，她还会通过请我们吃饭、找我们聊天、陪我们做实验的方式安慰我们，帮我们渡过难关。

我们几乎不考试，印象中只有一次博士生资格考试，但这种考试对训练有素的学生来讲其实很简单。让我们感到困难的是每周的组会汇报上要用全英文汇报，这可比博士生资格考试难多了，因为同学们和导师要根据你的汇报"审查"你这一阶段的实验进展。不过，由于我们平时就严格要求自己，因此最终大多数同学能顺利完成严苛的博士生学术训练。

尽管毕业后不再做科研了，但我发现，在科研上的训练有素居然为我的工作和生活打下了坚实的基础，让我在各方面都还做得不错，因为，做任何事情（教学、写作、带孩子等），本质上用到的是同一种能力——一种拨开纷繁复杂的表象去探究事物底层逻辑的能力，而这正是我从实验室的训练中培养出来的能力。

　　但是，问题来了，这貌似是少数人才能接受到的教育。于是有人会说："和老师，你讲这么多，与人工智能有什么关系呢？"

　　我觉得关系非常大，因为有了人工智能（类似 ChatGPT 一样的工具）的帮助，在未来的某一天，可能每个人都能接受这样的教育。不用上最好的大学，也能得到最好的老师的"指导"，也能与全球最具智慧的"同学"一起讨论，而且有最强大的工具帮你实现梦想……

　　真的会是这样吗？在第 2 节中我们会讨论这个话题。

第 2 节　为什么人工智能一定会重塑教育

2023 年，我周围几乎所有人都在谈论 ChatGPT，ChatGPT 对教育的影响早已超过了它所代表的生成式 AI 本身。现在，我们像是处于文艺复兴时期或者大航海时代，走入了一个问题大发现、思想大探索的时期，它让我们重新思考教育的本质问题。

- 什么是教育？
- 什么是学习？
- 人类何以为人类？
- 哪些是人类独有的能力？
……

史蒂夫·乔布斯（Steve Jobs）曾经发问："为何 IT 技术几乎改变了所有行业，却在教育方面建树不多？"

这是一个难以回答的问题，也是一个令人痛心的事实。

但随着 ChatGPT 的出现，如今我们可以回答这个问题了：**以 ChatGPT 为代表的人工智能的发展，一定会使教育行业发生变革。**

为什么？

一、作为一种生产关系，教育是如何伴随生产力发展的

我觉得，作为一种生产关系，教育一定是伴随着生产力的发展而不断前进的，如图 1-1 所示。

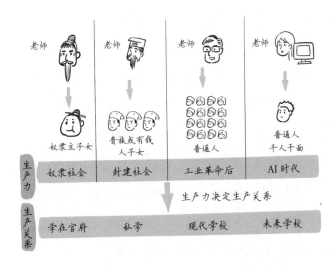

图 1-1　教育会随着生产力的发展不断前进

在奴隶社会，"学在官府"，教育是为奴隶主服务的，老师的数量非常少，能接受教育的通常是奴隶主的子女。

在封建社会，以孔子为代表的私学开始兴起，诗书满腹、身通六艺的大师成为私学（后来的私塾）最初的老师，但接受教育的人仍然是贵族或者有钱人的子女，大部分的普通劳动者是无法接受教育的。

工业革命之后，随着生产力的发展，社会需要大批的产业工人，于是现代学校应运而生，真正的大规模体制内教师开始出现，使得大部分普通人能接受教育，这便是我们现在的学校的雏形。

互联网时代，"所有行业都值得被互联网做一遍"。确实，我们可以看到，很多大学开设了在线课程，互联网让知识变得触手可及。但是，如果你回到中学或大学的课堂，就会发现，其实它们和几十年前没有区别，顶多就是把线下的内容直接搬到了线上。因此，互联网只是传播知识的一种新工具，并不能算是使教育产生了真正的变革。

但 ChatGPT 不一样，AI 的介入使得个性化学习成为可能，同时也促使教育者反思教育的根本目的，比如培养创新思维、批判性思考和终身学习的能力。这意味着教育需要超越单纯的知识传授，更多地关注学习者的全面发展和自主学习能力的培养。

生产力决定生产关系，ChatGPT 本身就是社会生产力发展到一定阶段的产物，而它的出现又会极大地促进生产效率的提升。

二、AI 时代，教育需要个性化、差异化和定制化

AI 时代，我们需要的是教育的个性化、差异化和定制化，AI 会"倒逼"教育回归其价值属性，促使教育系统从根本上进行调整，而这种调整不仅是技术上的革新，也是教育理念和目标的重大转变。

2023 年，新加坡成为首个在大语言模型生成式 AI 上打开教育大门的国家，并计划将 ChatGPT 分阶段纳入学校教学系统。中国香港向 400 多所公立初中推广了包含 ChatGPT、Midjourney 等教学内容的教材。澳大利亚也一反常态，允许 AI 进入课堂。澳大利亚教育部部长说："既然挡不住，那就拥抱它，更好地学习和利用这项技术。"

人工智能到底会在哪些方面改变我们的教育呢？我们来看看它给出的答案。[1]

(1) **个性化学习**。AI 系统可以根据学生的学习习惯、能力和兴趣定制个性化的学习计划。这样一来，每个学生就能按照自己的节奏和风格进行学习，进而提高学习效率和效果。

---

[1] 本书中所有的 ChatGPT 测试、问答等均由作者在国外的朋友协助完成。

(2) **智能辅导系统**。AI 辅导机器人或系统可以提供 24/7（一天 24 小时，每周 7 天）的学习支持，帮助学生解决学习中遇到的难题。通过分析学生的回答，这些系统可以提供针对性的指导和反馈。

(3) **自动评估和反馈**。AI 可以自动评估学生的作业和考试，提供即时反馈。这减轻了教师的工作负担，使他们有更多时间专注于教学和学生的个别辅导。

(4) **适应性学习技术**。适应性学习平台使用 AI 来分析学生的学习进度和理解程度，并根据这些信息调整教学内容和难度。

(5) **数据驱动的洞察**。AI 可以分析学生的学习数据，帮助教育者了解学生的学习模式、成绩趋势和潜在的学习障碍，从而更有效地为学生提供支持。

(6) **虚拟助教**。AI 虚拟助教可以帮助处理日常的教学管理任务，比如出勤记录、学生查询响应等，让教师能更多地专注于教学本身。

(7) **语言学习应用**。AI 驱动的语言学习应用 [如 Duolingo（多邻国）] 能够根据学生的学习进度和效率提供定制化的学习体验。

(8) **增强现实和虚拟现实**。通过与 AR/VR 技术相结合，AI 可以为学生提供沉浸式的学习体验。例如，在医学教育中，学生可以通过虚拟现实技术进行手术模拟练习。

(9) **早期干预和支持**。AI 分析可以及早识别学生学习中的困难，帮助提供及时的干预措施，比如特别辅导或特殊教育资源。

(10) **课程和职业规划**。AI 系统可以帮助学生根据他们的兴趣、能力和职业目标规划课程和职业道路。

可以看到，AI 将在不同层面上革新教育体验：从个性化学习到后台管理；从学生支持到教育决策；从学习辅导到职业规划。有了它，你永远都不用发愁遇不到好老师。

三、用 AI 当私教：从一道生物高考题说起

接下来我们具体来看一下人工智能的强大功能。这里我以 2022 年全国卷生物高考题为例。假设我不会做图 1-2 所示的这道题，我把它输入到了 ChatGPT 中让它帮我解答，并解释原因。

甲状腺激素在促进机体新陈代谢和生长发育过程中会发挥重要作用。为了研究动物体内甲状腺激素的合成和调节机制，某研究小组进行了下列相关实验。

实验一：将一定量的放射性碘溶液经腹腔注射到家兔体内，一定时间后测定家兔甲状腺的放射性强度。

实验二：给甲、乙、丙三组家兔分别经静脉注射一定量的生理盐水、甲状腺激素溶液、促甲状腺激素溶液。一定时间后分别测定三组家兔血液中甲状腺激素的含量，发现注射的甲状腺激素和促甲状腺激素都起到了相应的调节作用。

回答下列问题。

根据实验二推测，丙组甲状腺激素的合成量_____（填"大于"或"小于"）甲组。乙组和丙组甲状腺激素的合成量_____（填"相同"或"不相同"），原因是_____。

请问空格处应该填什么？为什么？

图 1-2　一道 2022 年全国卷生物高考题

　　大家来看一下 ChatGPT 的回答。如图 1-3 所示，它不仅非常详细地解释了答案是什么以及为什么，而且思路清晰、条理清楚、逻辑缜密。

根据实验二的描述，我们可以对空格处进行推测。

1. **丙组甲状腺激素的合成量"大于"甲组**：丙组家兔注射的是促甲状腺激素（TSH），它能刺激甲状腺的活动，增加甲状腺激素的合成和分泌。而甲组家兔注射的是生理盐水，这对甲状腺激素的合成没有直接影响。因此，我们可以推测丙组甲状腺激素的合成量"大于"甲组。

2. **乙组和丙组甲状腺激素的合成量"不相同"**：乙组家兔注射的是甲状腺激素本身，这通常会通过负反馈机制抑制自身甲状腺激素的进一步合成和分泌（因为体内已经有了外来的甲状腺激素）。而丙组家兔注射的是促甲状腺激素，这会刺激甲状腺激素的合成。因此，乙组和丙组甲状腺激素的合成量"不相同"。

3. **原因**：乙组由于外源性甲状腺激素的补充，其自身甲状腺激素的合成可能会受到抑制。而丙组由于受到促甲状腺激素的刺激，其甲状腺激素的合成会增加。

综上所述，空格处应为：

· 丙组甲状腺激素的合成量大于甲组；
· 乙组和丙组甲状腺激素的合成量不相同，原因是乙组注射甲状腺激素可能会导致自身甲状腺激素合成减少，而丙组注射促甲状腺激素会增加甲状腺激素的合成。

图 1-3　ChatGPT 对图 1-2 中全国卷生物高考题的回答及解释

　　有人会说："这不就类似于'作业帮'的功能吗?"当然不是，作业帮的答案是提前被输入到一个"库"里的，你从"库"里进行搜索即可，但如果"库"里没有，你就永远不会搜到。ChatGPT 则不一样，它不仅能实时生成答案，而且，如果你哪里不明白，那么随机向它追问任意一个问题，它都会给出令你满意的答案。（当然，如果是太偏门、古怪的问题，它则不一定能答对，有时甚至会"一本正经地胡说八道"。）

　　所以，ChatGPT 就相当于你的私人辅导或者一对一助教。在上面的例子中，对没有生物学背景知识的同学来说，如果不理解为什么促甲状腺激素可以促进甲状腺激素的产生，便可以继续追问，你会发现，ChatGPT 的回答水平不亚于一个生物学专业的大学生或是硕士研究生，如图 1-4 所示。

为什么促甲状腺激素可以促进甲状腺激素的产生?

 促甲状腺激素（TSH，Thyroid-Stimulating Hormone）是一种由脑下垂体前叶分泌的激素，它在人体内起到调节甲状腺功能的重要作用。下面是促甲状腺激素促进甲状腺激素产生的机制。

1. **刺激甲状腺细胞生长**：在与甲状腺细胞表面的 TSH 受体结合后，TSH 可以刺激甲状腺细胞生长，从而增加甲状腺的功能活性。
2. **促进碘摄取**：甲状腺激素的合成需要碘元素。TSH 可以刺激甲状腺细胞摄取血液中的碘，为甲状腺激素的合成提供必要的原料。
3. **激活甲状腺激素合成途径**：TSH 可以刺激甲状腺细胞内的多个酶系活性，促进甲状腺激素前体物质的合成、碘化以及甲状腺激素的最终合成。
4. **促进甲状腺激素的释放**：TSH 还可以促使已合成的甲状腺激素从甲状腺细胞释放到血液中，增加血液中甲状腺激素的浓度。
5. **调节甲状腺激素生物合成过程**：通过一系列信号转导机制，TSH 可以调节甲状腺细胞内相关基因的表达，进而影响甲状腺激素的生物合成过程。

总之，促甲状腺激素是调节甲状腺激素合成和分泌的关键因素，通过直接作用于甲状腺并促使其活化，增加甲状腺激素的生产和释放。这一过程对维持人体的新陈代谢和多种生理功能至关重要。

图 1-4 ChatGPT 对继续追问的问题回答得非常棒

四、用 AI 学英语：练口语、改作文、学语法都可以

下面我再举一个学习英语的例子。大家都知道，学外语贵在与人对话，我们平日里苦于没有语言环境、没有对话的氛围，而且很难找到一个说标准语言的外国人，即使能请到外教，也要花费大把的钞票。现在有了 ChatGPT，它就是一个能说一口地道外语、逻辑思维能力很强且永远不会嫌你麻烦的 "Native Speaker"。如果你尝试用英语向它提问或表达想法，它就会以英语做出回答。如今，国内也有一些基于大模型的实时对话测试，比如有道 AI 口语老师，我们可以设定场景与其进行对话。图 1-5 就展示了我和有道 AI 口语老师的对话界面和对话形式。

图 1-5　与有道 AI 口语老师进行对话

　　除了对话练习，你还可以利用 ChatGPT 学习语法，让它随机给你出几个题目做练习，如图 1-6 所示。

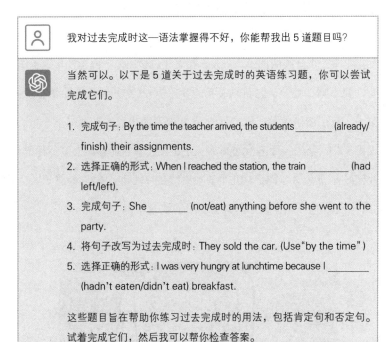

　　我对过去完成时这一语法掌握得不好，你能帮我出 5 道题目吗？

　　当然可以。以下是 5 道关于过去完成时的英语练习题，你可以尝试完成它们。

1. 完成句子：By the time the teacher arrived, the students _____ (already/finish) their assignments.
2. 选择正确的形式：When I reached the station, the train _____ (had left/left).
3. 完成句子：She _____ (not/eat) anything before she went to the party.
4. 将句子改写为过去完成时：They sold the car. (Use "by the time")
5. 选择正确的形式：I was very hungry at lunchtime because I _____ (hadn't eaten/didn't eat) breakfast.

　　这些题目旨在帮助你练习过去完成时的用法，包括肯定句和否定句。试着完成它们，然后我可以帮你检查答案。

图 1-6　利用 ChatGPT 学习语法

　　另外，你也可以利用 ChatGPT 练习写作，它能够生成各种类型的英语文本，比如故事、对话、论文等。通过阅读和模仿这些文本，你可以学习不同情境下的英语表达方式。ChatGPT 还可以帮助我们修改作文，我的一个学生在写完出国申请的个人陈述后，语言部分的润色工作都是用 ChatGPT 完成的。

五、用 AI 作画：各种风格应有尽有

再举一个画画的例子。一天，我女儿放学回来，说学校布置了作业，要求画一幅画，题目是《我的梦想》。我女儿说，她的梦想是：第一，要上清华大学；第二，把 AI 变成万能机器人；第三，不能让太阳老化；第四，做出 10 000 颗人造卫星，并且能移居火星种种子。我问她："那怎么才能把这几个梦想集结在一幅画上呢？"她想了一会儿，然后吭哧了两个多小时画出了图 1-7 这幅画。

图 1-7　女儿的画作——《我的梦想》

然而，当我让 ChatGPT 按照我女儿给出的梦想去作画时，1 分钟之内它就画出了 3 幅不同风格、同样主题的画，如图 1-8 所示。

科技风格　　　　　　　　　　　文艺复兴风格

后印象主义风格

图 1-8　ChatGPT 根据我女儿的梦想所作的画

大家觉得 ChatGPT 画得怎么样？是不是还不错？

六、用 AI 生成视频：星辰大海、微观世界都能看到

AI 不仅可以绘画，还可以生成视频。2024 年 2 月 16 日，OpenAI 突然发布了首款文字生成视频的模型——Sora，该模型可以准确理解用户指令表达的需求，不仅能够根据文字指令创造出既逼真又充满想象力的场景，而且可以生成长达 1 分钟的一镜到底的超长视频。

Sora 并不像表面看起来那么简单，它不仅仅是文生视频的编辑器，背后可能还涉及在生成对抗网络（GAN）、循环神经网络（RNN）、Transformer 模型、扩散（diffusion）模型等多种深度学习技术方面的突破。如果说 ChatGPT 相当于人工智能对人类语言和知识的理解达到了一个突破点，那么 Sora 就意味着人工智能对人类的物理学和世界运行规律的理解到了一定程度（虽然它对复杂的物理场景和因果规律还是不能理解）。Sora 就是一个世界模拟器，它可以模拟帆船在咖啡的波涛中晃动、小兔子在胡萝卜上咬了一口留下牙印、小狗把鼻子扎在雪里后狗毛所呈现的方向……

这让我感到异常兴奋，仿佛看到了 Sora 在教育行业无限的应用前景。众所周知，生物学涉及很多细胞内的细胞器和生物大分子，对一名生物老师来说，如果没有制作视频文件，那么在将这些

微观的东西教授给学生的时候就会非常抽象。但是做一个 1 分钟左右、动画精美的 3D 视频至少要花费 100 多万元，成本非常高。如果 Sora 能够通过文本生成视频，则会使得未来的教学变得直观可见，学生理解起来也会更加容易。我甚至想到了 Sora 与 VR 的结合，这样我们就能徜徉在细胞的微观世界中，那将会是多么生动的教学和学习体验。

七、让 AI 成为你的"私董会成员"：与古往今来的智者聊天，快哉！

下面我再给大家提供一种利用 ChatGPT 帮助学习的"玩"法。例如，当我们学习历史、哲学、经济学等学科的时候，可以把 ChatGPT 当作任何一个已经去世的历史学家、哲学家或经济学家，我们就好像在与他们讨论相关的问题。或者，你可以让 ChatGPT 分别充当不同的角色，从不同角度去探讨同一个问题，让它成为你的"私董会成员"，给你提供不一样的视角。

例如，我给 ChatGPT 分配了一个角色，我说："假设你是柏拉图，请给我介绍一下你的《理想国》里主要讲了什么。"它很快就从认识论、政治哲学、道德哲学、教育和文化这几个方面给我做了详细的解释，并提到了哲学家王是理想国的统治者。

我问他哲学家王是否只有一个，他说哲学家王不止一个，理想国中的统治者是一群哲学家，集体领导，共同做出决策。我又问他理想国是否能实现，他说《理想国》中提出的理想国模型更多是一种理论构想，旨在探讨正义和最佳政治制度的本质，能否实现还要从人性的复杂性、权力和统治的问题、社会和文化的多样性、教育和培养的挑战等多方面考虑。所以，它更多是一个理论模型，而不是一个预期在现实世界中直接实现的蓝图和解决方案。

我觉得这个"柏拉图"的回答挺有趣，它能把我带回几千年前，身临其境，仿佛真的在和先哲一起讨论问题一般。

如果你无法像我一样能联系到国外的同学或是朋友，让别人帮你使用 ChatGPT，国内有一些基于大模型的应用也是不错的，我来给大家介绍一下。

(1) AI 阅读与写作

天工 AI 助手，它可以带着你阅读，带着你写作，以聊天的自然方式帮你厘清思路，破解写作难点。

(2) AI 数学辅导

MathGPT，这是好未来自主研发的、面向全球数学爱好者和科研机构，以解题和讲题算法为核心的大模型。对于每一道题，AI 会一步步地教你解题思路，并且你可以跟 AI 交流，让它多出几道同类型的题以进行反复训练。经测试，在处理复杂的几何题方面，AI 的能力还有待提高。另外，该模型的数学作业批改功能还在研发中。

(3) AI 口语评测

有道 AI 口语老师，该模型可以设定场景进行对话，对话中有提示和辅导，可以一步一步地帮助你提升口语水平。

(4) AI 艺术创作

通义万相，这是由阿里出品的一个不断进化的人工智能艺术创作大模型，其口号是：你负责灵魂，我负责创作。

(5) AI 学习助手

腾讯混元，该模型由腾讯出品，如果你有十万个为什么，那么该模型可以助你快速抵达知识边界，并助力研究型学习。

以上我分别从作业辅导、英语学习、绘画、历史学习这几个方面给大家举了例子，让大家体验了一下 ChatGPT 对教育的变革。**不过，大家注意，我用的动词是"变革""改变"，而不是"颠覆""替代"，因为后者不仅耸人听闻，而且也不符合事实。无论技术如何发展，只要教育的对象是活生生的人，那就是一项非常复杂的活动，在培养人方面，技术永远只是工具，不可能喧宾夺主。**

人不仅仅是知识的接收者，其还具有情感、道德、创造力等多重维度，而这些维度需要通过人与人之间的交流和社会互动来实现。教师与学生间的直接交流、同学间的互动以及班级社区的建立；教师处理同学间的冲突、教导同情心和共情能力；教师的一个眼神、一个拥抱，以及与学生的一次促膝交谈；在学习团队合作和领导力技能时，学生们在团体项目、体育活动或学校社团这些真实项目中获得的体验、交流和合作，都是 AI 无法替代的。

所以，虽然技术可以提供有效的信息、资源和工具，但在培养复杂的人类特质方面，它仍然是辅助角色。真实的人际互动、体验式学习、教师的引导、合作与实习、真实社会环境等因素在教育中扮演着不可替代的角色。因此，无论技术如何发展，教育的核心仍然是人性的培养和发展，技术只是辅助手段，而不是主导因素，我们不必惊慌失措。

发挥人类的智慧、雄心和潜力——**教育，使之不同**。

第 2 章

AI 时代，我们需要具备的八大能力

旧		新
☐ 寻找答案	▶	☐ 寻找问题
☐ 遵守规则	▶	☐ 创造力
☐ 尊重权威	▶	☐ 批判性思维
☐ 集体主义	▶	☐ 个性力
☐ 实用主义	▶	☐ 高感性力
☐ 给予目标	▶	☐ 赋予意义
☐ 判断力	▶	☐ 决策力

埃里克·弗罗姆（Erich Fromm）曾说："人类究竟是否有未来，文明究竟是否会终结，端赖我们是否能秉持怀疑的能力、批判的能力和不服从的能力。"

在第 1 章中我们认为，未来的教育一定会发生变革。因此，作为一名教育工作者，我一直在思考，在 AI 时代，我们的学生到底应该如何做好准备以迎接未来的挑战？学生们需要拥有什么样的能力才能让自己适应未来发展的变化？在不断变化的世界中，到底什么才是不变的？既然 AI 运算速度比人快、不会闹情绪，也不需要休息，那么人类存在的意义在哪里呢？

未来，到底怎样做我们才能更有竞争力？过去，答案是"提升效率"。当你做一件事的效率是别人两倍的时候，你的性价比相对来说就较高，你就能在竞争中胜出。但是，现在没有人能比 AI 的效率高，如果还和 AI 比拼"效率"，那我们就输了。在效率方面，人肯定要被 AI 取代。所以，对于这个问题，我觉得要从 AI 有什么短板以及人有哪些优势这两个方面来回答。

我先问了 ChatGPT，人类所具有的哪些能力是目前它无法完全取代的，它给出了图 2-1 的回答。

人类具有的一些能力是目前我还无法完全取代的，包括以下能力。

1. **情感表达**：人类具有极高的情感表达能力，可以用非常多样化的方式表达自己的情感。
2. **创造力**：人类具有非常强的创造力，可以创造出丰富多样的作品。
3. **社交能力**：人类具有极强的社交能力，可以通过交往来构建复杂的社会关系。
4. **自我意识**：人类具有自我意识，可以对自己的行为和感受进行认识。

这些能力是人类的独特优势，目前还无法完全被人工智能技术所取代。

图 2-1　ChatGPT 回答无法完全取代人类的哪些能力

　　我觉得它给出的答案相当不错，包括了情感表达、创造力、社交能力、自我意识这 4 个方面。不过，对理工科出身的我来说，更希望知道它为什么会给出这样的答案、为什么是这 4 点、这 4 点中每一点的背后意味着什么、还有没有别的方面，以及如何结构化思考这个问题。

　　于是，我根据 ChatGPT 给出的答案，并结合自己的思考，同时参考哈佛大学、斯坦福大学等的研究，从"AI 的短板"和"人的优势"这两方面出发，对上面问题的答案进行了扩展，提出了在 AI 时代，我们需要具备的八大能力。图 2-2 将人与 AI 进行对比，详细展示了这八大能力。

图 2-2 将人与 AI 进行对比，详细展示 AI 时代我们需要具备的八大能力

从 AI 的短板来看，首先，AI 的数据都来源于已知数据，它里面装满了大量的答案，但是，在信息过载的时代，能够提出精确的问题才是找到正确信息的关键，因此，学会提问的能力尤其重要；其次，AI 的数据源是固定的（比如截至目前，ChatGPT 的数据截点是2023 年 4 月），这就意味着，AI 本身并不会凭空增加数据或者创造知识，因此，人类的创造力弥足珍贵；再次，AI 缺乏独立思考的能力，它的答案来源于各种数据源的综合，因此，人类的批判性思维能力也非常重要；最后，现在的人工智能是基于大模型的"通用人工智能"，这也意味着拥有个性、找到自己的独特之处尤为必要。

从人的优势来看，除了拥有大脑，人还拥有身体。有了身体，人才能拥有情感、具备自我意识，所以，高感性力、沟通能力和自驱力都是 AI 时代我们必须具备的能力。虽然 AI 可以为我们提供数据，帮我们做出预测，但最终决定权在人类手中，因此，如何正确地做决策以及如何做出正确的决策也是 AI 时代我们需要具备的能力。

总结起来，AI 时代我们需要具备的八大能力如图 2-3 所示。

图 2-3 AI 时代我们需要具备的八大能力

接下来，我会从 what（是什么）、why（为什么）、how（如何做）这几个方面具体阐述上述八大能力意味着什么、为什么这八大能力对学生未来的发展非常重要，以及如何发展这八大能力。

第 1 节　未来属于那些会提问的孩子

　　　　如果必须用 1 小时解决一个重要问题，我会花 55 分钟

考虑是否问对了问题。

　　　　　　　　　　——艾伯特·爱因斯坦（*Albert Einstein*）

　　平时在教学过程中，我经常会收到学生们的提问。我把他们的问题分为两类：一类是知识性问题，一类是开放性问题。

　　针对这两类问题，我给大家举两个例子。

　　第一类问题：知识性问题。例如，兔子有几条腿？胎生还是卵生？吃肉还是吃草？这些问题的答案相对简单，是关于事实的硬性知识，从书本和网络上都能搜索到确切的答案。

　　第二类问题：开放性问题。例如，兔子为什么没有成为人类餐桌上的主流肉食？这类问题可能没有确切的答案，需要一个人拥有一定的知识储备量，比如熟悉兔子的生理特性、知道兔子的饲养特点、了

解兔子与人的关系，等等。而且，对于这类问题，我们可能需要查找更多的资料、咨询更多的人，甚至做一些实验进行验证。即便是这样，我们给出的答案可能也只是一个解释性框架，需要经过长时间的积累和沉淀，才能变成知识。

回答第一类问题，是人工智能的强项。基于神经网络算法的大模型在进行训练时，其数据来源是已知的、现有的数据，因此它给出的答案相对固定，解决的问题大多数属于第一类问题，即知识性问题。

而能提出第二类问题，才能显示出我们人类存在的意义。一个好问题比一个好答案重要得多，它体现出了学生在学习知识之后的深度思考。我们不应该固化地认为一个问题只有一个答案，而应该提出一些开放性的、没有标准答案的好问题。

一、为什么提出一个好问题很重要

好问题能够推动一个时代的进步。例如，爱因斯坦小时候提的问题"如果和光线一起旅行，你会看到什么？"就开启了相对论、质能方程 $E=mc^2$ 以及原子时代。又如，现在物理学家都在讨论：宇宙到底是膨胀的、收缩的，还是膨胀后再收缩再膨胀？神经生物学家一直在探究：到底什么是意识？意识的生物学本质又是什么？这些问题现在还没有确切的答案。达维德·希耳伯特（David Hilbert）1900 年在巴黎国际数学家代表大会上提出的 23 个数学问题，有些至今无法解决，但它们极大地促进了数学的发展。

很多问题在作答时不仅需要了解大量的背景知识，而且无法立刻验证，但它们能引发激烈的讨论，这便是好问题的重要性。回答这样的问题就像进行一场头脑风暴，能把知识都搅动起来，随意地拼接组合，真理在大家的讨论中会越来越清晰。这样的问题也最能推动社会的进步。

二、什么是好问题

那怎么判断一个问题是不是好问题呢？凯文·凯利（Kevin Kelly）在他的书《必然》中提出了 7 个标准。

(1) 一个好问题值得拥有 100 万种好答案。

(2) 一个好问题能开启一个学科，比如爱因斯坦的问题就开启了相对论。

(3) 一个好问题能生成许多其他的好问题。

(4) 一个好问题不能被立即回答，但在日后的时间可以一直被回答。

(5) 一个好问题出现时，你一听见就特别想回答，但在问题提出之前不知道自己对此很关心。

(6) 一个好问题处于已知和未知的边缘，既不愚蠢也不显而易见。一个好问题不能被预测。

(7) 一个好问题将代表受教育的头脑。

你可以对照这套标准来看一下自己是不是提出了好问题。我的学生常来问我他们不会做的题目，不过我很少直接告诉他们答案，而是不断地反问他们问题，直到他们恍然大悟，自己给出答案。

好问题代表了学生思维层层递进的深度。 子曰："吾有知乎哉？无知也。有鄙夫问于我，空空如也，我叩其两端而竭焉。"大概意思是，孔子说："对于很多事情，我其实并不知道。为什么别人都觉得我什么都懂呢？当别人问我一个问题时，我哪怕一开始不知道，最后也可以回答他。我的办法是询问他，从这个问题的首尾两头、正反两面进行追问，问来问去，他自己可能就明白了。"通过不断提问，学生才能把所遇到的问题的前因后果全部搞清楚，最终，一套问题追问下来，学生不只是知道了答案，更重要的是懂得了思考问题的方法。

三、如何提出好问题

大家看，好问题的标准是不是挺高的？提出一个好问题确实不容易，于是很多同学会退缩，既不敢在公众场合提问，也不敢去找老师问问题，生怕自己提出的是愚蠢的问题。说实话，我一开始也是这样的，但后来就不害怕了，那我是怎么改变的呢？下面我给大家讲讲我在读博士期间的经历。

在清华大学读博士的时候，我经常要参加一些国内外的学术会议。在全球学术会议上，每个发言人仅有 10 ～ 20 分钟的发言时间，因此他们经常需要把几年的工作都浓缩到这 10 ～ 20 分钟里，时间安排会非常紧凑。作为听众，我会非常认真，每次都竖起耳朵听，生怕漏掉一些关键信息，但即使这样，很多学术报告还是听得一知半解。因此，每到提问环节，我从来不敢提问：或者担心因为语言问题自己哪里没听懂；或者觉得哪里本来发言人已经讲了，但是我没注意到；或者害怕自己提的问题是领域里都已经知道的问题，会被大家笑话；或者担心自己提问时用英文讲不明白，当场丢面子……真的，那时我从来没有勇气，哪怕是举一次手提一个问题。

当然，不仅仅我有这种情况，我周围很多同学也存在这种情况，大部分同学从不提问。作为我们的导师，颜宁老师非常不满意我们的表现，在某次参加完学术会议后，她把我们召集到一起，说："从明天开始，我要看到我的每个学生至少提 3 个问题，不管是不是愚蠢的问题，我只看数量，不关心质量，你们别怕丢人，我都不怕你们给我丢人，你们怕什么？要尽管提，鼓起勇气，迈出第一步。"

于是，每次参加学术会议的时候，我都逼迫自己必须举手站起来提 3 个问题。一方面，这让我听得更专注、思考得更深入，不仅激发了我的灵感，还能帮我把自己的课题顺利向前推进。另一方面，我发现我越来越能提出所谓的"好问题"了，这其实也对我以后的学习和工作帮助特别大，因为对于工作和生活中的每一件事，我们都可以把它当作一个课题来做，而做课题的第一步，就是要提出一个好问题。

所以，提出一个好问题，其实比得到答案更重要。不要担心，勇敢提问！

四、即便是应对高考，也需要你会提问

有些同学会问我："和老师，读博士、做课题研究需要提出一个好问题，这个我们能理解，可是，我们现在是学生，我们的目标是考试取得好成绩，这恐怕与学会提问，特别是提出所谓的开放性问题没什么关系吧？高考也不考这个呀。"

如果你这么想，那可能还真错了。

作为一名生物老师，我先给大家看一份国家级的权威文件——《2020 年生物学课程标准》（以下简称《课程标准》）。

在《课程标准》的第 4 页提到：学科核心素养是学科育人价值的集中体现，生物学学科核心素养包括生命观念、科学思维、科学探究和社会责任，其中，科学探究是指能够发现现实世界中的生物学问题，针对特定的生物学现象，进行观察、**提问**、实验设计、方案实施

以及对结果的交流与讨论的能力。

《课程标准》是教学工作的基石，其规定了教学的目标和内容，是学科最重要的指导性文件，它里面明确提到了对于提问的要求。因此，针对给定的信息提出清晰、有价值且可探究的生物科学问题，设计恰当可行的研究方案，采用合适的工具开展探究，是近些年来新一轮课程改革的重点。

大家应该更新一下对高考的看法，那种靠死记硬背就能拿高分的时代一去不复返了。现在的高考，除了强调对学生核心素养的考查，还特别强调对学生科学思维、科学探究能力的考查，其中很多题目是以发表在《自然》《科学》等顶级期刊上的研究论文作为背景，来考查学生的观察、提问、实验设计等能力。总之，即便是应对高考，也需要你会提问题，进而促进更深层次的思考。

因此，在平时的教学过程中，我特别注重训练学生提问的能力。例如，当我们在学习"温度会影响酶的活性"的时候，第一个学生提了"为什么温度会影响酶的活性？"这个问题，这已经是很不错的思考了。第二个学生提的问题是："那高温和低温对酶活性的影响有什么不一样吗？"这个问题更深了一层，可以看出这个学生隐约感受到了不同温度对于酶活性影响的区别。第三个学生说："老师，温度对酶活性的影响实质就是对蛋白质的影响，这是不是体现了结构与功能的关系？"这个学生的问题又向前推进了一步，他以抓住生物学本质的思维方式，想到了"结构与功能相适应"这一生物学底层逻辑，总结出了生物学的通用思维模型，进而做到一通百通，这对他理解其他生物学内容是非常有益的。

当然，大部分低年级的学生不可能提出太多经过深刻思考的问题，他们大多提的是知识性的问题，不过没关系，因为如果没有一定的知识存量，就不可能在大脑中形成各种知识的连接，也不可能提出"开放性的好问题"。但是，当学生们升入高年级之后（特别是高三），我会要求他们"提正确的问题"，而他们在我每天"严苛的训练下"，也很容易达到这一点。我一直认为，如果一个学生能提出好问题，那他的学习成绩一定不会差。

五、未来属于会提问的孩子

我为什么要这么做？不仅仅是为了应对学生们当下所面临的高考，还是为了他们未来的发展。

特别是 2023 年 ChatGPT 的横空出世，让我更加意识到，提问有多么重要。人工智能的学习能力非常强，每一代 AI 都建立在上一代的基础上，通过复利的增长方式，保存记忆，然后持续进行迭代。而我们呢，即使你这一代强大如爱因斯坦，你的孩子出生后，在知识的累积上仍旧是个白板。人类的学习方式是清零式的，怎么可能在学习知识上超过人工智能？

因此，我们不妨换个思路，让人工智能为我所用，成为我们的助手和第二大脑，而其中最重要的一个方法就是通过不断地向 AI 提问来进行对话式学习。

给大家举个例子。有一天，我听了刀郎的一首火出圈的歌，歌词中提到了维特根斯坦，如果你不知道维特根斯坦是谁，那么可以跟着 ChatGPT 来学习一下，如图 2-4 所示。

 维特根斯坦是谁？

 路德维格·维特根斯坦（Ludwig Wittgenstein）是 20 世纪著名的奥地利－英国哲学家，他的哲学思想和作品对哲学领域产生了深远的影响。他出生于 1889 年，逝世于 1951 年。

维特根斯坦的思想演变主要经历了两个阶段，分别称为"早期"维特根斯坦和"晚期"维特根斯坦。他的早期哲学作品主要表现为逻辑实证主义，主要体现在他的著作《逻辑哲学论》中。他在这一阶段关注语言和逻辑的关系，试图通过语言分析来解决哲学问题。

然而，在"晚期"维特根斯坦阶段，维特根斯坦的思想发生了转变。他在著作《哲学研究》中提出了以语言游戏、意义的多样性和语境为基础的哲学观点。他认为语言不仅仅是一个逻辑工具，还反映了其在人类生活中的各种用途和形式。这个阶段的维特根斯坦强调语言的使用和意义的相对性，以及解决哲学问题的重要性。

图 2-4　向 ChatGPT 询问"维特根斯坦是谁？"

　　这是个最简单的问题，ChatGPT 告诉我维特根斯坦是个哲学家，而且思想演变经历了"早期"和"晚期"两个阶段。你可能会说："这没什么呀，这和谷歌、百度的结果没有什么区别。"

　　别急。

　　这个答案里其实包含了很多我不懂的知识，比如什么是"逻辑实证主义"、什么叫作"意义的多样性"、什么是"语境为基础的哲学观点"，以及为什么维特根斯坦的这种思想对哲学领域产生了重大的影响。我把这些问题统统输入到了 ChatGPT 中，它在很短的时间内就一一给出了答案，而不像搜索引擎那样，需要你自己搜索、分析和判断相关信息后，再综合这些信息才能得出结论。

　　这个时候，我顿时有一种找到了一个很懂行的哲学老师的感觉。之后，我又比较好奇维特根斯坦的思想为什么会有"早期"和"晚期"的区别以及是什么使得他的思想发生了转变，于是便继续问了 ChatGPT，如图 2-5 所示。

是什么使得他的思想发生了转变呢？

 维特根斯坦的思想在他的"早期"和"晚期"之间发生了显著的转变，这主要是因为他对哲学问题和语言的理解逐渐演变，以及他对自己以前思想的反思和批判。以下是一些主要因素。

1. **批判性反思**：维特根斯坦在他早期的著作尤其是《逻辑哲学论》中，试图通过将语言分解成简单的逻辑元素来解决哲学问题。然而，随着时间的推移，他开始对这种方法的有效性产生怀疑，并认识到语言的复杂性和多样性远远超出了简单的逻辑结构。

2. **语言游戏理论**：在他的"晚期"，维特根斯坦引入了"语言游戏"这一概念，强调语言的使用是基于特定的社会和文化背景，以及不同的语境和目的。他认为语言游戏是人们在交流和行动中使用语言的方式，而不仅仅是一个逻辑工具。这个观点使他重新思考了意义、真理和现实的关系。

3. **反思哲学的限制**：维特根斯坦逐渐认识到哲学的某些问题可能是由于语言的误用和混淆而产生的，而不是真正的哲学问题。他强调哲学家需要关注语言的实际使用情境，而不是纠结于抽象的哲学概念。

图 2-5　向 ChatGPT 询问是什么使得维特根斯坦的思想发生了转变

　　它给出的答案是，因为维特根斯坦对哲学问题和语言的理解发生了变化，以及他对自己以前思想的反思和批判。还不错，但我想要的答案远不止这些，我想知道，为什么维特根斯坦突然就开始自我反思了呢？这对我有什么借鉴意义吗？

于是，我向 ChatGPT 进行了追问，如图 2-6 所示。

 有什么比较典型的事件让他对自己产生怀疑和反思呢？

维特根斯坦对自己的早期哲学思想产生怀疑和反思的一个典型事件是他与一位哲学家朋友弗兰克·拉姆齐（Frank Ramsey）的交流。在与拉姆齐的讨论中，维特根斯坦开始意识到他之前在《逻辑哲学论》中的逻辑分析方法可能存在问题。

拉姆齐提出了一些批评，质疑维特根斯坦的观点是否真的能够解决哲学问题，尤其是他关于命题的理论。拉姆齐认为维特根斯坦的观点可能限制了对现实世界的理解，而且在逻辑分析过程中可能出现了一些困难。这些批评引发了维特根斯坦的思考，使他开始重新评估自己的观点。

维特根斯坦在与拉姆齐的交流中逐渐认识到，他过去试图通过逻辑分析来解决的问题可能不是真正的哲学问题，而是在逻辑上的困境。这个意识逐渐导致了他对早期观点的怀疑，以及对语言和现实关系更为复杂的认识。这个事件在维特根斯坦的思想转变中具有重要影响，推动他朝着更加关注语言的实际使用和意义的相对性的方向发展。

图 2-6　向 ChatGPT 追问让维特根斯坦对自己产生怀疑和反思的典型事件

这个时候，ChatGPT 告诉我，是因为与一位名叫弗兰克·拉姆齐的哲学家朋友的交流导致维特根斯坦对自己产生了怀疑和反思，因此弗兰克·拉姆齐对维特根斯坦的思想转变意义重大。非常棒，这个时候，我认为我得到了想要的答案，这个答案能让我有所启发和借鉴。它让我明白了，大哲学家是通过不断地与有思想深度的人交流碰撞出火花，来使自己不断发展和进步的。因此，如果我想要进步，那么至少要多与有思想深度的朋友聊天和讨论。

从了解谁是维特根斯坦，到他的理论发展，再到是什么因素影响他的理论发展，我总共用了不到 10 分钟，ChatGPT 以惊人的速度给出了令我满意的答案，这样我们的交流就形成了闭环。放在以前，无论是通过看书，还是上网搜索，我都不可能这么快就获得满意的答案。所以，有了 ChatGPT 这样强大的工具，我可以更快地学习新知识了。

但是，如果想做到这些，那么还要有一个前提条件——要会提问。如果你会提问，那么 ChatGPT 就是你最好的老师，它单独教你一个人，你既不用担心老师注意不到你，也不用担心提问时会把老师惹"毛"。而且，你可以要求这位老师直接给出最本质的答案，而不用说一堆繁文缛节的场面话。你也可以要求这位老师给你提供最直接的反馈，如果听不懂，你还可以让它举出更多详细的例子，或是再讲一遍……它永远都不会嫌你烦。

ChatGPT 的出现使得我们每个人都能享受上述待遇。不过，其实想想，在孔子、苏格拉底的时代，在图书还没有大规模普及之时，学习不就是以学生问、老师答的形式进行的吗？苏格拉底以其直率的提问和引导式的对话方法而闻名，他说："我是个精神上的助产士，帮助别人产生他们自己的思想。"

所以，提问是一种既古老、经典，又高效、实用的学习方法。只要会提问，掌握向 ChatGPT "念咒语"的方法，你就能使用 ChatGPT 这一 "魔法"。学会提问，不仅能帮助我们提高学习效率、提升元认知能力，达到深入思考的目的，还能帮助我们实现自我成长的 "新陈代谢"。

这是一个提问的时代，有多少好答案，在 "苦等"一个好问题。

这是一个提问的时代，不会提问，我们一定会被淘汰出局。

这是一个提问的时代，只有会提问的学生才能赢得当下和未来。

请大家和我一起，提出你们的 "好问题"。

第 2 节　具备创造力，挖掘新的可能性

创造，不论是肉体方面的还是精神方面的，总是脱离躯壳的樊笼，卷入生命的旋风，与神明同寿。

——罗曼·罗兰（Romain Rolland）

每次和学生们聊到创造力，他们总觉得创造力是一门"玄学"。我们平时学习的知识是用语言文字、公式定理一步一步写下来的，能够通过逻辑推理得出结论、作出证明，因此，知识是可以传播和推广的。创造力则不同，创造力不仅很难用语言说清楚，也很难通过一步一步的推导来显示，更别说通过别人的经验去复刻了。那到底什么是创造力？AI 是否具备创造力？创造力是不是人类独有的特性？为什么在未来我们更需要培养创造力？怎样培养创造力？本节我就和大家讨论一下"创造力"这个话题。

一、为什么 AI 暂时还不具备真正的创造力

认知科学认为，创造力是指产生新的和有价值的想法、解决方案或作品的能力，是人类独有的能力。有人可能会说："和老师，你说得不对吧？我听说 AI 可以下围棋（并且战胜过李世石）、可以画画、可以编程，甚至可以预测蛋白质的结构，怎么能说 AI 不具备创造力呢？"

要回答这个问题，需要先看一下 AI 底层的算法逻辑是什么——神经网络算法。如图 2-7 所示，神经网络算法是模拟人脑神经元和突触的结构，分为输入层、隐藏层（黑箱）和输出层，我们需要把大量的素材"喂"给它进行训练，然后调整各种参数的权重，通过反馈不断调整参数，等训练得差不多时，可以把参数固定下来，这样模型训练就完成了，也就可以形成输出了。至于为什么每个参数会变大或变小、从输入到输出这中间都发生了什么，我们并不知道。

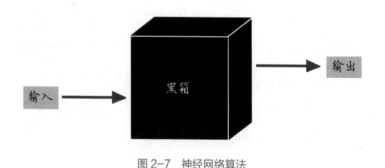

图 2-7　神经网络算法

神经网络算法本身的运作方式类似于人脑。虽然人类到现在都没有搞清楚人脑（是个"黑箱"）中到底发生了什么，但这不妨碍我们认知和理解事物。人脑没有可言说的规则，虽然我们无法把它分解成若干个中间步骤，也说不清都有哪些参数起了作用，但我们就是能感觉到外部事物，例如，当你看见一只猫的时候，你可以迅速说出那是一只猫，而这个过程很难用步骤或方程写出来。

神经网络算法是 AI 运算的基础。AI 确实可以产生人类无法理解的"神经元之间奇妙的连接"，确实能够发现人的理性无法理解的规律，也确实能够找到人类理解范围之外的解决方案，看起来像是具备"创造力"。但是，神经网络算法是基于人类提供的大量数据、上亿个参数运算的结果，事实上，它并不具备**真正**的创新能力。

举个例子，DeepMind 研发了一款可以预测蛋白质结构的人工智能 AlphaFold，这应该算是大家所认为的"创造力"了吧？但并非全然如此。DeepMind 于 2020 年在《自然》上发表的文章"Improved protein structure prediction using potentials from deep learning"详细地描述了深度学习背后的原理。如果你完全不懂算法也没关系，下面我来简单介绍一下背景。

我们的心脏、肌肉、激素、细胞里的酶、通道等都是由蛋白质组成的，蛋白质对于维持我们的生命非常重要。然而，生物界内蛋白质的种类多达 $10^{10} \sim 10^{12}$ 种，想要了解它们是如何发挥功能的，就需要解析其结构。传统的结构解析方法是依靠 X 射线、冷冻电镜等，只能单点突破，一个个进行分析，效率太低了。而 Alpha Fold 可以对未知的蛋白质结构进行预测，准确率高达 58%，这样我们就能大量且迅速地掌握很多蛋白质的结构，无论对于基础研究还是药物设计和筛选，这都具有重要意义。于是，很多人说 AI 可以替代科学家，AI 具有创新能力了。

可是，事实真是这样吗？

不得不说，现有的人工智能预测出的结构，大多是基于之前已经解析的蛋白质的同源结构，而无法从头创造一种结构。也就是说，如果没有之前人类科学家解析的大量结构，人工智能是无法做出预测的，而所谓预测出的"新"结构，其蛋白质的折叠（fold）方式与之前实验解析的并无不同。换句话说，**人工智能不可能从头（de-novo）预测出一个蛋白质分子的结构，这也就是我们认为它不具有实质性创新的依据。**打个不太恰当的比喻：科学家的工作是让我们知道爸爸、妈妈长什么样子，而人工智能是通过对大数据进行学习后预测孩子长什么样子，如果连爸爸、妈妈是谁都不知道，那又如何能预测出孩子的模样呢？

关于 AI 是否具备创造力这个问题，我也问了 ChatGPT。它给出的回答是："对我而言，我不具备真正的创造力。我根据被训练的数据和算法生成响应。虽然我的回答可能看起来是'创新'的，但它们实际上都是基于我接受的训练数据的组合和重组。我不能像人类那样主动地、有意识地创造新颖的概念或想法。我的'创意'是基于已经存在的知识的匹配和组合，而不是真正的新颖创意。"

二、什么是真正的创造力

要解释什么是真正的创造力，就要从"计算不可约性"理论说起。

计算不可约性理论是计算机科学家、数学家、物理学家斯蒂芬·沃尔弗拉姆（Stephen Wolfram，世界上最聪明的人之一）用来解释世界底层逻辑的一个重要理论。因为世界是混沌的、复杂的，不可能用任何一个模型或者公式进行表达，所以，我们要用一个理论、一个模型、一个公式或者一个定理对世界进行"约摸"的处理，其中"约"的意思就是指对现实信息的压缩表达，是对现实世界的某种约化，相当于思维的快捷方式。

这意味着，人类、AI、自然界和社会中的各种计算系统从根本上来说具有不可预测性，一切足够复杂的系统都是不可约化的。从天气到股市，从经济到政治，未来世界的发展规律无法用任何理论做出准确的预测，我们只有慢慢地等待事物演化到那一步，才能知道结果——这就是人们所说的"无常"。

但是，正因为有了不确定性，才意味着人类对世间万物的理解是不可穷尽的，复杂系统中总是存在无限的"计算可约区"，也就是说，总有无穷无尽的创意和解决方案，沃尔弗拉姆将其称为"可约化的口袋"（pockets of computational reducibility，参见图 2-8），这是人类社会能够不断出现科学创新、发明和发现的空间。虽然我们不可能一步到位地知道最后的结果，但是可以找到一些局部的规律为我所用。例如，用牛顿定律和热力学定律来解释宏观的物理现象是没问题的，汽车从启动到刹车都利用了这些物理学定律；化学中的氧化还原反应在蓄电池及空间技术应用的高能电池中都有重要应用。

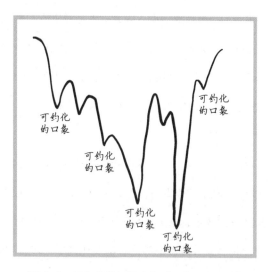

图 2-8　沃尔弗拉姆提出的"可约化的口袋"

讲了这么多，让我们回归正题，那到底什么是真正的创造力？真正的创造力就是这个"可约化的口袋"。通过科学创新和发明，我们可以在不确定的世界中寻找确定性，在复杂和不可预测的世界中寻找一些规律，在绝对的无序中寻找相对的秩序，把人类知识的边界不断地拓展，这是从 0 到 1 的探索，是发现未知的过程，是总结规律为我所用的智慧——这一切 AI 都无法做到。

如今，我还清晰地记得在清华大学读博士期间施一公教授面试我时提的第一个问题：你觉得本科阶段和读博阶段最重要的区别是什么？虽然我已经想不起来当时是怎么回答的，但是对他给出的答案印象深刻：本科阶段是在学习知识，读博阶段是在创造知识。读博士期间，你要做的是探索未知，世界上没有人知道的答案要由你来告诉大家。对于一个未知的生物学机理，你要做世界上第一个弄明白的人。

如果把人类的知识比作一个大的圆形，那么读博士期间我们所做的工作就是把这个圆形的边界往外拓展（push the boundary），哪怕是一点点，当无数人的工作积累在一起时，这个圆就会逐渐变大，也就意味着人类的认知边界在不断地扩展，如图 2-9 所示。人类能有现在的文明，靠的就是这种不断向前发展的创造力。

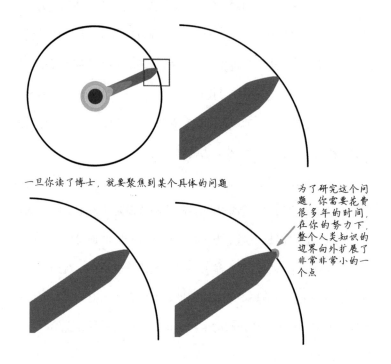

一旦你读了博士，就要聚焦到某个具体的问题

为了研究这个问题，你需要花费很多年的时间，在你的努力下，整个人类知识的边界向外扩展了非常非常小的一个点

图 2-9 创新的实质是一步步扩大人类认知的边界

但我们需要注意的一点是，AI 正在逐渐发展出全新的、真正的创造力。例如，2020 年 MIT 在 *Cell* 上发表的论文中提及的抗生素 Halicin 的发现（在第 8 节中会谈到），以及埃隆·马斯克（Elon Musk）在制造火箭时发现新材料，这些都依赖于人工智能技术的推进，AI 在此过程中也在逐渐进化出真正的创新能力。

三、如何发展创造力

既然创造力看不见、摸不着、学不会，那么是不是意味着创造力就无法培养了呢？当然不是。结合平日的阅读和观察，我给大家推荐3 种培养创造力的方法。

1. 永远保持好奇心

好奇心可以驱使我们探索和学习新的事物，为我们提供前进的动力，使我们对待问题和任务时充满热情、不怕困难。那些充满好奇心的人往往不满足于现状，他们想要知道为什么事物是这样的、是否还有更好的方法等，这种不断质疑和探索的态度是创新的驱动力。另外，充满好奇心的人往往更加注意细节，会从不同的角度看待问题、观察事物、提出问题，并寻找答案。

1896 年，法国物理学家安托万·亨利·贝克勒耳（Antoine Henri Becquerel）观察到铀盐在阳光下暴露时可以使摄影板起雾，而这种现象甚至在暗处也会发生，这意味着铀盐在没有外部能量来源的情况下发出了某种能量或射线。玛丽·居里（Marie Curie）被这个神奇的现象吸引，她想知道这种射线的性质以及是否存在其他放射性物质。她的好奇心和对这一现象的深入研究使得她和丈夫皮埃尔·居里（Pierre Curie）借助电离空气的方法测量出了许多化学物质的放射性，最终发现了两种新的放射性元素——镭和钋。

约翰·沃尔夫冈·冯·歌德（Johann Wolfgang von Goethe）说："天真是天才最重要的特质。"大家肯定记得《生活大爆炸》里的谢尔顿，其实，对很多天才来说，人们所认为的他们情感和心智上不成熟，可能是由于他们保留了人类最原始的好奇心，来帮助自己单纯地思考问题。

大学期间，我记得问过生化老师一个问题：为什么要做科研？他在回答我时借用了艾萨克·牛顿（Isaac Newton）的一段话：我好像是一个在海边玩耍的孩子，不时为拾到比通常更光滑的石子或更美丽的贝壳而欢欣鼓舞，而展现在我面前的是完全未探明的真理之海。

希望我们能永葆这颗赤子之心。

2. 大量积累 + 休息放松

有个著名的例子大家应该都听过：有一天，化学家克库勒（FriedrichA·Kekule）在午休之前，看到壁炉里的火星在空中形成了一个圆，之后就梦到了苯分子的形状可能就像一个圆环。所谓创造力，就是人们没有自主意识去参与的思维活动，每个思维线索随机组合，形成一些看似不相关的组合，然后这些组合连接在一起，就形成了人们想要的答案。

事实上，创造力是没法"学"的，如图 2-10 所示，科学的思维过程非常复杂，我们既可以使用简单的逻辑方法（线性的思维方式），也可以使用复杂的非逻辑方法（非线性的思维方式）。大家都知道，逻辑方法是按照归纳法、演绎法等一步步推理得到的。但是，哲学家维特根斯坦认为，按照学科分类写条文的做法根本不可能穷尽所有的知识，因为事物之间的连接、边界和相似性有时候很难用语言说明，因此就需要用到创新思维、想象力、直觉等这些非线性、非逻辑的思维方式。创新思维超越了传统的逻辑思维，能够从不同的角度看待问题，从而产生新的观点和解决方案，帮助人们取得重大突破。

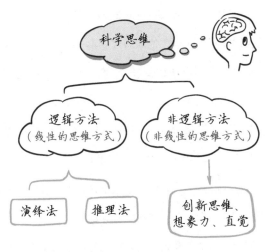

图 2-10　为什么创造力没法"学"

所以，如果你觉得"创造力"不能言说，那就对了，因为创造力是"学"不来的，它是更高阶的能力，无法通过我们日常训练的逻辑思考方法获得。

但创造力并非不可捉摸，不完全是运气的因素，"大量积累 + 休息放松"是获得创造力的源泉。

要想发挥出创造力，不仅需要勤奋学习和工作，还要有大量的知识积累。

马尔科姆·格拉德韦尔（Malcolm Gladwell）说："人们眼中的天才之所以卓越非凡，并非天资超人一等，而是付出了持续不断的努力。只要经过 1 万小时的锤炼，任何人都能从平凡变成超凡。"

斯蒂芬·埃德温·金（Stephen Edwin King）是一位作品多产、屡获奖项的美国畅销书作家，他编写过剧本、专栏评论，人们问他为何如此有创造力、能写出这么多东西，他说他不是天生就有创造力，而是因为勤奋，不管发生什么事，他每天至少要写 3000 字。

著名摄影师查克·克洛斯（Chuck Close）曾经说过："灵感是外行给的，对我们来说，每一个创意，都来自工作本身。"我自己做科研的时候对此也深有体会，我们的想法不是一下子迸发出来的，而是在日复一日的重复工作以及不断的思考和琢磨中逐渐形成的。

所以，创新不是从零开始，而是在既有技术或理念的基础上，对现有知识、技术或产品进行深入的理解。模仿是创新的重要一环，先有模仿再有创新。通过模仿，我们可以理解原有作品的原理、优势和局限性，将现有技术或创意内化，并在此基础上进行改进和创新。这种基于模仿的积累是许多重大科技创新和艺术创作的基础。

当然，对于创造力的形成，个体除了需要具备一定的知识和经验的积累，也要通过适当进行休息和放松，让潜意识激发出来，这就是我们所说的"啊哈时刻"。

在较长时间的学习和工作之后，潜意识会将自己的发现呈现在思维之中，创造力其实就是潜意识和意识的组合，是一个人长期专注于某个问题而渐渐获得启发的过程。创造性思维并不是没有事实根据的胡思乱想，而是扎根于科学认识之中、研究积累到一定程度的迅速综合，是对某一问题进行长期思考后、短暂的放松时受到生活中某些原型或话语启发得到的瞬间灵感。当大脑处于闲置状态的时候，就会在过去和未来之间建立连接，而这种遥远的连接正是创造力的来源。

所以，"大量积累 + 休息放松"是我们获得创造力的源泉。

3. 跨学科学习

创造力往往来自不同知识和思想之间的连接。

我在讲课时经常举查尔斯·罗伯特·达尔文（Charles Robert Darwin）提出进化论的例子。进化论被誉为 19 世纪自然科学的三大发现之一。事实上，进化论的思想绝非达尔文的原创，但在该思想出现之前，达尔文一直在思考"到底是什么导致了进化？"这个问题，而且读了很多杂七杂八的书。在读《地质学原理》的时候，他受到启发，原来微小的变异可以逐渐累积成巨大的变化（遗传变异）；在读《人口学原理》的时候，他意识到，过度繁殖使得空间、食物等对每一个个体来说变得稀缺，而资源的有限性会加速物种之间的斗争（过度繁殖和生存斗争）；在读《国富论》的时候，"看不见的手"的比喻令他拍案叫绝，对物种来说，大自然不就是那只看不见的手吗（自然选择）？《地质学原理》《人口学原理》《国富论》，这些书中没有一本与生物学直接相关，但它们是进化论核心思想的来源：过度繁殖、生存斗争、遗传变异，以及自然选择。

所谓创造，其实就是在广泛的阅读以及跨学科学习中迸发出的火花。由于每个学科都有自己独特的思考方式、学习方法和理论体系，也都有自己的"常识"和认知框架，因此，跨学科学习能够打破传统学科之间的界限，使我们看到不同领域之间的相似性和联系，这样我们就可以从不同的视角看待同一问题 [也是查理·芒格（Charlie Munger）提倡的多元思维模型]，并将来自不同领域的知识和技能整合在一起，而这种整合往往会产生新的想法和创意。同时，跨学科学习还能让我们挑战已有的观念，从而促进新思想的产生。可见，跨学科学习不仅能给我们提供更多的解决方案，也能极大地激发和增强我们的创造力。

例如，斯巴鲁公司的设计师曾经研究鲨鱼的皮肤结构，以了解其如何减小阻力并高效地游动。这种跨学科的研究导致他们为飞机、汽车和其他交通工具设计了新型的表面涂层，从而提高了燃料效率和性能。

又如，营销专家和神经科学家合作，研究消费者在看到广告或使用产品时大脑的反应。通过功能性磁共振成像（fMRI）和其他技术，他们可以更深入地了解消费者的情感和认知过程，从而创建更加吸引人的广告和产品。

再如，学者使用文本挖掘和数据分析技术研究古老的手稿或文献，从而发现历史事件或文化变迁中的模式和联系。研究者可以使用这些工具来分析 19 世纪小说中的性别角色，或者追踪某个词在文献中的使用变化。

我目前任教的学校非常重视跨学科学习，开设了各种丰富多彩、跨学科融合的 STEM 课程。例如，我和一位计算机老师共同开设了一门"生命智能"课程。课堂上，我们相互配合，我从遗传和进化论的角度、她从计算机的角度讲述"遗传算法"；我从神经元和突触的角度、她从神经网络的角度讲述"深度学习"；我从蚂蚁、意识的角度讲述生命的复杂，她从计算机的角度讲述涌现和开悟。上完课后，不仅学生收获很大，来听课的老师也觉得这种课程对于启发学生们的科学思维和计算思维是非常有意义的探索。

我的学生也会向我咨询高考报志愿的问题，我通常给他们的建议是：本科阶段与硕士、博士阶段最好不要选择相同的专业，如今跨学科的人才很"吃香"，跨学科的思维也很容易帮助我们做出与众不同的东西。我听清华大学的宁向东老师讲过，现在就连学管理的人都要懂神经科学，因为未来的管理学一定是建立在能够深入洞察人性的基础上，一个懂神经科学的经济学、管理学博士甚至在还没毕业时，可能就有几十所大学等着招聘他。可见，在这个领域里，不是毕业生找工作，而是大学抢毕业生。

这个例子不是个例。有一个叫作 **25% 的定律**，是说要想成为人群中的佼佼者，你要么在一个领域内成为 1%，要么同时在两个领域内成为前 25%。然而，在一个领域内成为 1% 是一件极其困难的事情，那么，不如让自己在两个领域内都保持前 25%，这样照样可以出类拔萃。

未来，有跨学科背景的人才一定非常有竞争力。所以，在专业的选择上，可以让专业更专业、让交叉更交叉。

那么，结合本节内容，我们怎样才能让自己更有创造力呢？那就是要永远保持对事物的好奇心、勤奋工作、大量积累、适度休息放松以及跨学科学习，这些方式都是我们拥有持续不断的创造力的源泉。

第 3 节　敢于质疑，有批判性思维

批判性思维的最高境界是反省的外显化。

——出自《思辨与立场》

我们从小接受的教育是：要好好学习天天向上。具体来说，在学习课本知识时，我们要仔细阅读书中的每一句话，记住更多的知识点，用下划线、荧光笔标出关键词和关键句子，并用笔记本记下书中的主要内容、观点和方法，然后再反复地检查笔记和思维导图，确定没有漏掉任何重要的事情。所以，我们学习的目的就是找到、理解并记住相关的知识点。可是，如果再这样下去，那将是很可怕的一件事情，因为我们只是记住了别人要求我们记忆的东西，却没有形成自己的观点和判断。这和机器又有什么区别呢？

现在的 AI 是一代又一代迭代的结果，它们学习知识的能力是"复利增加"的，如果和 AI 比学习，那我们肯定比不过。但是，作为人类，与机器不同的地方是我们能独立思考、能输出自己的观点，也能拥有自己的判断。如果今天这个人告诉我们要做这件事，明天那个人告诉我们要做那件事，那我们到底要做什么？如何在不同的意见中做出选择？面对别人的观点，我们要有独立思考和批判性分析的能力，只有这样我们才能更好地学习和生活。因此，我们需要培养自己的批判性思维能力。

一、什么是批判性思维

说了这么多，那到底什么是"批判性思维"呢？对此，学术上给出的定义是：以提出疑问为起点，以获取证据、分析推理为过程，从而得到具有说服力的、有创造性答案的反思性思维。

这个表述太抽象了，我来给大家拆解一下。"判断性思维"这个短语本身来源于英文的 critical thinking，被翻译成了"批判性思维"，我觉得这个翻译不太好，不仅偏离了这个短语的本意，还不免会让人感受到攻击性。其实，批判在这里是"分析"的意思，它是一个中性词语，是通过一定的标准改善思维，进而帮助人们做出明智的决定、得出正确的结论。用一句话来概括，就是对我们思考过程的再思考。

哈佛大学前校长德里克·博克（Derek Bok）非常推崇批判性思

维，他认为批判性思维是一种穿透了"无知的确定性"和"有知的混乱性"之后的高阶思维，是细致考虑每一个事实的广度和深度后不断反省的取向和不断试错的实验精神，是需要经过专门的训练才能培养的一种思维品质。

二、为什么需要批判性思维

德里克·博克为什么对批判性思维如此推崇呢？因为它真的很有用。

平时，在阅读各种媒体的文章时，你是不是经常会看到"震惊！XX 专家预测 XXX"这样的字眼？那你是否能分辨出哪些是谣言、哪些是真理呢？事实上，即使针对同一个问题，不同的专家也可能持有不同的观点，甚至会给出完全相反的意见。例如，有的专家认为，经过某个事件之后，房价一定会大涨，而有的专家认为房价一定会大跌。可以看到，对于这样的问题，世界上往往没有一个公认的标准答案。不像 1+1=2 这样可以成为一个通用标准，很多问题的是非曲直很难辨识。那我们到底应该相信谁，又该如何做出自己的选择呢？究竟什么样的意见是我们应当听从的？这就是批判性思维要教给我们的内容。

事实上，我们每天所做的各种决策都用到了批判性思维，大到是否买房、在哪里买房，小到是不是要给孩子报钢琴课、奥数课，甚至是该买什么牌子的牙膏、养哪种狗等。在做以上这些决策时，我们需要排除无关因素的干扰、不受感情或情绪的主宰、不做谬误和偏见的牺牲品，以及不听信一些所谓的权威人士的一知半解。批判性思维能帮助我们避免做出错误的决策。如果以这样的带有批判性的思考方式层层展开，一步步质疑断言者的立论，你就会发现他的逻辑漏洞，这能让我们在日常生活中更独立、更明智。

三、如何正确地质疑

然而，掌握任何一种思考方式和工具都不容易，因为这意味着我们要改变过去的习惯，而改变已有的轨迹，其实是特别困难的。所以，批判性思维需要经过大量的训练、实践和反思探索才能掌握。那我们应该怎么做呢？简单来说，批判性思维就是要求我们不断地质疑假设，不停地要求断言者论证他的每个前提是否正确，就像年幼的孩子不停地询问"为什么"一样。

如图 2-11 所示，为了让大家操作起来有"抓手"，我整理了一份"关键问题清单"，通过问这些问题，我们可以不断地发展自己的批判性思维能力。

图 2-11　培养批判性思维的关键问题清单

　　这份关键问题清单从论题、结论出发，从多个角度来判断理由和逻辑的正确性。如果长期像这样训练思维，那我们就会逐渐变成思考有深度的人。

　　可是，有些人会认为，如果遇到事情都这么思考问题，那简直太麻烦、太费劲了，这样下来，我们做事的效率岂不是太低了？让自己活得轻松点儿不好吗？

　　事实上，批判性思维虽然不能加快我们判断与决策的速度，但是能增加我们做出正确判断的频次。它提高了我们的思考质量，让我们去审视自己的思考是否自洽以及所做的决策是否正确。

给大家举一个我在读博士期间印象非常深刻的例子。那是在一场学术报告上，一位同学在给大家讲解他们组的实验结果，在讲完某个实验后，其他同学都觉得没有什么问题，但是施一公教授让这位同学停了下来，他说他并没有听懂，想让他适当放慢速度再讲一遍。我心中小小地惊讶了一下，觉得这么简单的内容施教授怎么会没听懂呢？我们从小接受的教育就是快速反应、快速回答，好像这才是聪明的象征，难道施教授不够聪明吗？他居然在那么多人面前说自己没有听懂。

我心存狐疑地继续往下听。施教授带着那位同学把实验的细节从头到尾复述了一遍，没想到在我们看来非常完美的实验细节中却存在逻辑漏洞。并不是施教授没听懂，而是他敏锐地察觉到了实验中可能存在的问题。

让思考慢下来，条分缕析地一步步提问，找到问题所在，这就是批判性思维的力量。它也许不会让你活得轻松，但会让你变得客观、理性，在生活中的很多事情上做出正确的决策。

四、批判性思维在科学中的作用

在平时的教学过程中，我特别喜欢学生们质疑我，我不会觉得丢面子，也不会觉得下不来台。相反，一方面，我为学生们敢于不拘泥于老师所教的内容、有自己的思考感到特别自豪；另一方面，他们其实为我创造了一个"可教时刻"，我会抓住这次机会，把如何一步步推导出正确答案的过程展现给他们看，这样也能增加他们的思维深度。

给大家举一个我们生物课堂上的例子。当我们学到细胞核功能的时候，我利用伞藻作为实验材料，希望给学生们说明"细胞核控制着细胞的代谢和生命活动"这一结论。我们都知道，伞藻是一种单细胞生物，由帽、柄和假根 3 部分组成，细胞核在基部。

我问学生们："怎么才能证明细胞核控制伞藻帽这一性状？"有个学生跃跃欲试，说："老师，把上面的帽切了，再把柄交换位置，看看长出来的是什么形状的帽，不就知道是不是受细胞核控制了吗？"

这个学生的想法很不错，实验确实是这样做的：把两者的帽切除、柄交换位置之后，帽长出的还是原来的样子，如图 2-12 所示。

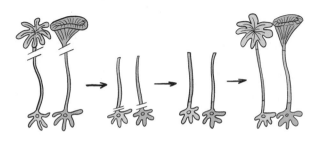

图 2-12　伞藻嫁接实验（一）

可是有个学生这时提出了不同意见："老师，刚才的实验只证明了假根有作用啊，并不能完全说明是假根中的细胞核在起作用。"

周围同学都表示赞同，我非常开心，这个学生质疑得很好。于是，我又问学生们："那怎么才能证明是细胞核在起作用呢？"

又有一个学生站起来，说："老师，如果要证明是细胞核在起作用，那就需要把细胞核和假根其他部分的细胞质分开，所以，我们需要把细胞核取出来。"

大家觉得这是不是很好的思路呢？我觉得这个学生的想法特别棒。确实，如图 2-13 所示，我们可以把其中一个细胞核去掉，然后把另外一个细胞核植入，再去观察伞藻会长出什么样的帽，如果长出的帽与植入细胞核的帽性状一致，那不就能证明是细胞核在起作用了吗？

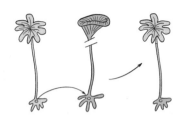

图 2-13　伞藻嫁接实验（二）

这才是学习应该有的样子。学生们不是为了考试而死记硬背书上的结论，而是自己主动应用批判性思维去质疑、发问、推理、寻找答案、给出解决方案。在不断讨论的过程中，他们逐渐逼近真理。最后，我会帮他们总结和提炼方法论，从数学的逻辑角度进行分析，让他们认识到：加入一个因子出现了一种现象，这证明了充分性；去掉一个因子某种现象就会消失，这证明了必要性。而生物学的实验探究，无非就是从充分性和必要性这两个角度去探究背后的本质原因。这就是批判性思维的力量——勇于质疑、勇于挑战，在不断的思想交锋中对事物的认知变得更加本质和深刻。

事实上，批判性思维对科学发现有着巨大的促进作用，正是一代又一代的科学家们坚持真理、敢于挑战权威，才使科学不断地发展和进步。

再给大家举一个例子。1951 年，人们已经知道了脱氧核糖核酸（DNA）可能是遗传物质，但是对于 DNA 的结构，以及它如何在生命活动中发挥作用还不甚了解。1953 年，两位名不见经传的小人物也在研究 DNA 的结构：一位是本来做噬菌体遗传研究的詹姆斯·杜威·沃森（James Dewey Watson），另一位是 37 岁还未拿到博士学位的弗朗西斯·克里克（Francis Crick）。他们通过威尔金斯（M. Wilkins），看到了罗莎琳德·埃尔茜·富兰克林（Rosalind Elsie Franklin）在 1952 年 5 月拍摄的一张十分漂亮的 DNA 晶体 X 射线衍射照片，两个年轻人恍然大悟，立即领悟到了 DNA 是两条链，而且以磷酸为骨架相互缠绕形成双螺旋结构，氢键把它们连接在一起。

不过这时，沃森和克里克看到了蛋白质结构研究的权威学者莱纳斯·卡尔·鲍林（Linus Carl Pauling）即将发表的一篇论述 DNA 结构的论文，鲍林认为 DNA 为 3 股螺旋。沃森和克里克一开始觉得可能是他们错了，不过在经过各种求证后，他们决然地否定了鲍林的结论。两位年轻科学家没有迷信权威，而是敢于挑战权威，这不仅需要勇气，更需要严肃认真的实验工作和深厚的科学功底。他们在 1953 年 4 月 25 日出版的英国《自然》杂志上发表了 DNA 的双螺旋结构，这也成了载入史册的佳话。

类似的例子还有很多。伽利略·伽利雷（Galileo Galilei）对于尼古拉·哥白尼（Mikołaj Kopernik）日心说的支持；查尔斯·罗伯特·达尔文（Charles Robert Darwin）的进化论对于宗教理论的质疑；爱因斯坦的相对论对于牛顿经典物理学的挑战……科学史上这样的例子不胜枚举，批判性思维在促进科学的发展中起着举足轻重的作用。这种思维模式对我们来说更是非常重要，特别是在未来的时代，我们的知识征途是星辰大海，应该接受哪些东西、怎么审视和评判、如何理性且客观地给出逻辑自洽的理论，这都是批判性思维带给我们的"奖赏"。

希望你读完本节后能和我一起在平时的生活中多多运用批判性思维，做生活的理性决策者。

第 4 节　发展个性，成为你自己

那些你任性而为的时刻，才是你真正活着的时刻。

——万维钢

ChatGPT 刚发布的时候，在美国，人们测试了它参加主流考试的水平。在美国律师执照统考中，它的得分超过了 90% 的考生；在 GRE verbal（语文）考试中，它的成绩接近满分；在美国生物学奥林匹克竞赛中，它的得分超过了 99% 的考生。中国人民大学附属中学的李永乐老师用 ChatGPT 做了 2022 年北京高考卷，第一次就拿到了 511 分的成绩（参见图 2–14）——要注意，ChatGPT 从未经过高考题目的训练。尽管让 ChatGPT 参加中国高考的测试不完全严谨[①]，但

[①] 我曾问李永乐老师他是如何做测试的，以及对于有图的题目要如何处理。事实上，李老师显示的这个分数结果是把所有有图的题目都去掉后的取样结果。例如，对生物考试来说，他会剔除考卷上所有有图的题目，把剩下的题目的总分作为一个整体，然后再根据 ChatGPT 的答案计算正答率。这样其实在某种程度上把考试的效价打了一个折扣，因为对有图的题目来说，图中往往有大量需要学生阅读的信息。因此，读图、提取信息的能力在这个测试中并没有考查到。

这至少可以作为一个有重要参考意义的案例。

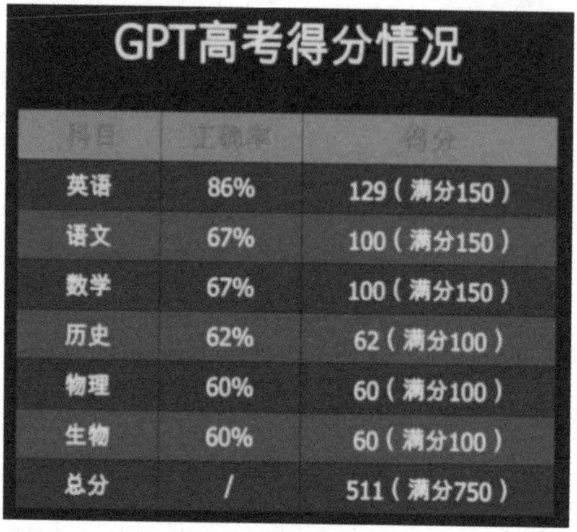

GPT高考得分情况

科目	正确率	得分
英语	86%	129（满分150）
语文	67%	100（满分150）
数学	67%	100（满分150）
历史	62%	62（满分100）
物理	60%	60（满分100）
生物	60%	60（满分100）
总分	/	511（满分750）

图 2-14　用 ChatGPT 做 2022 年北京高考卷的得分情况

这样的高考成绩真是让人大惊失色，如果 ChatGPT 以这样的成绩申请美国的名校，我相信迭代一段时间后，也将不是问题。

这就给我们带来了一个巨大的挑战：我们从小到大都在为高考、研究生考试、托福考试等标准化考试而努力学习，如果 ChatGPT 在这些考试中都能拿到很高的分数，那我们要怎么做才能与 AI 不同？我的答案是：发挥个性，成为你自己。

一、站在当下：与众不同

教育有以下两种属性。

一是价值属性，告诉我们怎样才能成为一个更好的人——对应的是理想主义。

二是工具属性，教我们掌握一门可以谋生的技能——对应的是实用主义。

大部分人更加关注教育的工具属性。通过接受教育，我们可以考入好大学、找到好工作、过上好生活。我也不例外，在考大学、考研究生的时候，我都尽量考到了更高的分数，而且填报志愿的时候没有"浪费一点儿分数"，从功利的角度讲，我们这样做确实没错。

然而，在 AI 的冲击下，所有工具的生命周期会越来越短，新的技术和工具可以很快地超越旧的技术和工具，导致它们变得过时。我们今天学到的知识可能在几年后就会过时，因此我们不能仅仅满足于完成某个课程或学位，因为那样相当于"刻舟求剑"。AI"倒逼"我们要更加关注教育的价值属性，从而成为一个更好的人。

我在清华大学的博士生导师颜宁老师后来去普林斯顿大学任教过。有一次，她和我们聊天的时候说，她能背出很多人的"研究生申请个人简历"上的内容：GPA（成绩平均绩点）在 3.5 和 3.9 之间，托福 110 分以上，大二进实验室做实验，取得了什么科研成果……大部分简历如出一辙。可是，这真是我们想要的人才吗？这么"卷"的结果就是让我们自己成为一个标准化的产品吗？颜老师说，最后她把 offer（录取通知）发给了一个 GPA 平平的女孩，因为那个女孩是她们足球队的队长，很有韧性，带领队员克服过很多困难。

因此，即使是面对当下的激烈竞争，我们也需要有与众不同、让别人能记住的地方。丢掉高级打工者的思维，让我们从"工具人"走向"自由人"，这才是突围之路，否则我们的路只会越走越窄。

二、专业选择：遵从我心

不知道大家是否还记得之前我提到的 Alpha Fold 能够预测蛋白质结构的例子？很多人说结构生物学家要失业了。我并不赞同这种说法。**对一名科学家来说，最重要的是解决科学问题。以解析蛋白结构为例，无论是晶体学、冷冻电镜，抑或人工智能，都是解决问题的工具。真正的大科学家，是从问题出发，让工具为我所用，而具体使用什么工具其实不是那么重要——这才是大科学家和一般技术工作者的不同之处。**因此，我们要关注的不是具体的技术路线，而是底层逻辑。

下面我就从底层逻辑出发，以我熟悉的生物学专业为例给大家讲讲专业的选择。很多人说"生化环材"（生物学、化学工程与工艺、环境工程和材料工程）是四大"天坑"专业，一定不能选择。

真是这样吗？

如果从"现阶段生物学专业不好找工作、薪资低"的角度来定义"天坑"，这确实是个不容回避的问题，但这是有现实原因的。

1. 知识层面：生物学属于基础自然科学，解答问题的实用性没有那么强

生物学是研究生命现象和生物活动规律的科学，它的主要目的是满足人类的好奇心，解释生命运作的机理。不像金融、管理等专业可以将学到的知识直接应用在日常生活中，生物学没有那么强的实用性。这也是大家普遍愿意学金融而不愿意学生物学的原因之一。

2. 技能层面：培养的通用技能有限，而且掌握的专业技能没有太多扩展性

从生物学中学到的技能在实际生活中用处不大，而且也很难延展到其他学科中去。例如，在生物学中会学到基因克隆 PCR、细胞培养等技术，但这些技术在我们的日常生活中几乎用不到。计科类

专业则不同，计算机、编程等知识技能几乎可以应用到当今世界的绝大部分领域。

3. 产业层面：产业链不发达，研发成本高、周期长

与国外相比，国内生命科学领域的就业机会相对偏少，同时，国内生物医药产业的兴起也要比国外晚很多。而且，新药研发领域存在风险大、复杂度高、耗时漫长等特点。根据《自然》杂志的数据显示，一款新药的研发成本大约是几十亿美元，耗时大约 10 年，成功率却不到 1/10。所以，要建立起完整的产业链并不是一朝一夕的事情，形成完整的生态链仍然需要时间。

4. 个体层面：成长周期长、淘汰率高、收入偏低

从事基础生物研究所需的成长周期比较长，至少要读到博士（平均年龄大概 28 岁），之后还要做一到两轮的博士后（出站的平均年龄为 32 岁左右），而能拿到教职的人特别少，淘汰率非常高，底层科研工作者的收入又偏低。因此，只有金字塔塔尖的那一小部分人才能带来转化的价值。

但是，如果你对生命科学——以及其他"天坑"专业——真的感兴趣，那么，一定要毫不犹豫地选择。遵从内心的声音是非常重要的，什么都比不上发自内心的热爱。有热爱，就有动力，这才是

人一生往前走的内生系统。选择任何一门专业都有利弊，兴趣与热爱永远是最好的向导。"坚持我心，不忘初衷"才是最可贵的。**AI 工具的发展也让那些"追求本性，遵从内心"的理想有了落地的可能。**我有一个学生，他在上高中的时候经常跟着我去清华大学做实验，然后就爱上了生物学，高考的时候，他坚定地报了生命科学专业，在他大三保研的时候，我们还讨论了他是去研究基础的神经科学还是研究与计算机工程交叉的脑机接口的问题。因为热爱，所以执着，才能成功。

况且，"三十年河东，三十年河西"，行业周期轮动，专业有冷有热，当前的热门未必是将来的热门。**不要忘记，今天的实用，在明天可能就会不实用，甚至被淘汰。**随着世界人口的增多以及老龄化的加剧，粮食、能源、环境、疾病、资源等一系列问题凸显，亟待解决。而要解决这些问题，离不开生命科学的技术。在未来，生命科学将对世界进行从科学到技术的深刻改变。

首先，在科学上，生命科学现在还处于非常稚嫩的阶段，很多问题尚未解决，人类最聪明的头脑都希望用自己的智慧去理解生命，可以说，自然科学在等待生命科学带来一场全新的范式革命。

其次，在技术上，那些我们曾经完全想象不到的技术可能会深刻改变我们的世界，比如基因编辑、基因检测、基因治疗、脑机接口，甚至是意识上传、长生不老都有可能成为现实，这将改变人类社会的生活、伦理、价值观等各个方面。

20 ～ 30 年后，生命科学有可能成为像当今的互联网一样的社会基础设施，整个世界也许会完成从 IT（Internet）到 BT（Biotechnology）的转变。字节跳动原 CEO 张一鸣、拼多多前董事长黄峥、搜狗公司原 CEO 王小川，这几位在卸任之后，都不约而同地选择了投入生命科学领域。生命科学将为整个科学界带来一场全新的范式革命，并且生物学技术一定会在解决资源、环境、能源、疾病等问题的过程中带来"第五次工业革命"。

因此，即使我们单纯地想要有更好的未来发展，生物学其实也可能是一个不错的选择。**就算只是为了找工作而选专业，高考报名时要考虑的也是 4 年后的就业市场，而不是眼前的热门。**关于更多的专业选择问题，我会在第 3 章中专门进行分析。

三、思考未来：活出真我

我特别喜欢唐涯（香帅数字金融工作室创始人，原北京大学光华管理学院金融系副教授、博士生导师，笔名香帅无花，亦称"香帅"）老师的一句话：关于未来，**我所确切知道的，就是我并不确切地知道。**这是因为我们将面临的未来，是一个全新的世界，有新的游戏规则和秩序。今天我们的焦虑，在未来很可能都是笑话。

随着 AI 的发展，人们对未来有两种可能的预期。

第一种预期：无用阶层的出现

由于人工智能的突飞猛进，某些职业确实可能会消失或受到威胁，当然新的职业会随之出现。但如果人工智能能替代大部分的人类劳动，那么是不是意味着大量的人可能会面临失业？因此，一些经济学家和思考者认为，这可能导致所谓的"无用阶层"（没有能力或机会参与未来经济的人）的出现，而且 80% ～ 90% 的人会成为无用阶层。在这种情境下，有人提议实施"无条件基本收入"（Universal Basic Income，UBI）作为一种解决方案，确保每个人都有基本的生活保障。但这也带来了文化和社会方面的挑战：如果大部分人无须再工作，那么他们的人生意义和目标会是什么？社会如何评价个体的价值？

第二种预期：生产力的大爆发

由于人工智能的迅猛发展，它可以替代人类大量重复性的工作，使得人类的潜能被释放出来，让人们不仅有更多的时间和精力去思考和处理更复杂的工作，而且能专注于创新、创造和其他高阶任务。这是因为人们不再受到重复、低效工作的束缚，而且，随着科技的进步，每个人都能有基本的生活保障，无须过于考虑"生计"问题，能做自己喜欢做的事情，有更多的时间和机会进行终身学习，不断地更新自己的技能和知识。当人类科技呈现螺旋式的正反馈模式时会导致生产力的大爆发，人类文明会进入新的阶段。

综上所述，你认为未来会是什么样子？是有大量的人失业，成为无用阶层，需要被救济，还是有大量的人从重复工作中解放出来，做更有创造性的工作？哪种预期更符合你的想法？对于第一种，我们肯定不希望成为所谓的"无用阶层"；对于第二种，我们要弄清楚自己到底要做什么，我们与 AI 的区别在哪里。

AI 训练最快的方法是在现有 AI 的基础上生成各种数据，它进步得很快。但是，**AI 的优势也是它的劣势**，因为如果没有新的素材"喂"给它，它就会停止进步。而且，像 ChatGPT 和未来的 AGI，它们的"喂料库"是标准且通用的，所以才会被称为"通用大语言模型"，而我们人类不同，我们不是标准化的设定，我们存在的意义是发挥个性、制造"意外"，活出自己想要的样子。

我经常和我的学生们说，我们每个人都有自己的天赋，很多人的天赋并不一定表现在学习上。因此，只以分数论成败的评价标准太单一了。美国当代著名心理学家和教育学家霍华德·加德纳有一个多元智能理论，他总结了 8 种智能形式：逻辑 – 数理智能、言语 – 语言智能、视觉 – 空间智能、身体 – 动觉智能、音乐 – 节奏智能、交往 – 交流智能、自知 – 自醒智能、自然观察智能。由于每个人的智力都有独特的表现方式，而每一种智力又有多种表现方式，因此我们很难找到适用于所有人的统一的评价标准来评价一个人是否聪明和成功。

有些人喜欢读书考试，有些人则喜欢唱歌跳舞、下棋打牌，这其实都是一种能力。例如，小红书上有一个很"火"的叫章小蕙的人，她原来家境很好，喜欢"买买买"，没想到，这让她对商品有了敏锐的洞察力，对每件奢侈品的小细节都能讲得头头是道，就连带货也让大家觉得充满艺术气息，直播带货 6 小时的成交金额居然达到了 6 亿元。谁能想到，爱逛街、爱买东西，也是一项特长。

"有个性、有特长，找到你的不可替代性，找到你的差异化和独特的生态位"，这是 AI 时代对我们的要求。

四、如何找到自我：不断探索

那我们怎么发现自己的天赋所在呢？给自己足够的尝试和探索空间。

在探索中，我们可以发现自己对不同活动的兴趣（属于本能的特征）、投入程度和花费的时间（属于专注力的特征）、自信程度（属于自我效能的特征）、小成果（属于满足的特征）这几个维度，而且可以把这些都记录下来。

如果发现哪件事情是你特别喜欢的，一说到这件事情你就会特别兴奋、两眼放光，并能十分专注、非常投入地去做，而且最后的完成效果还很好（简单来说，就是对于某件事情，你做起来特别轻松，好像没怎么费劲就做完了，但是对其他人来说就算特别认真对待也不一定能做好），那这件事情可能就是你的天赋所在。

给自己充分的时间进行探索，不要怕失败。我记得，著名作家戴维·爱泼斯坦（David Epstein）在《成长的边界》一书中提到：**高手在职业生涯刚开始的时候都会有一个"采样期"，需要尝试过很多东西才能找到属于自己的位置。**这就是说，每个人在年轻的时候其实都不知道自己适合什么、想要什么，而且，这也不是夜深人静的时候扪心自问得出来的，但是，让自己不断地去尝试，当经历过很多事情、失败过很多次之后，可能我们就会突然发现适合自己的领域以及自己独特的人生使命，然后踏实笃定地去做自己。

凯文·凯利的《生活的卓越建议：我希望早些知道的智慧》一书中有一句话令我印象深刻：别成为最好的，成为唯一的（Don't be the best. Be the only.）。我也想请大家记住这句话，发挥自己的个性，成为独一无二的自己。

第 5 节　拥有高感性力

比有用更重要的，是有趣。

——山口周

我和学生说："人类和 AI 最大的不同是我们有身体。"

学生反问我："这有什么了不起？"

下面我从生物学的角度，给大家讲一个"缸中之脑"的思想实验，说说为什么拥有身体非常了不起。

不知道大家看过《黑客帝国》《盗梦空间》《流浪地球 2》没有？这些影片里面都用到了一个原型，那就是美国哲学家希拉里·帕特南（Hilary Putnam）1981 年在他的《理性、真理与历史》一书中提到的一个假想：一个人（可以假设是你自己）被邪恶科学家施行了手术，他的脑被从身体上切了下来，放进一个盛有能维持脑存活的营养液的缸中。脑的神经末梢连接在计算机上，这台计算机按照程序向脑传送信息，以使它保持一切完全正常的幻觉。对它来说，似乎人、物体、天空还都存在，自身的运动、身体感觉都可以输入。这个脑还可以被输入或截取记忆（截取掉关于大脑手术的记忆，然后输入它可能经历的各种环境、日常生活）。它甚至可以被输入代码，"感觉"到自己正在划船、享受阳光和海滩，如图 2-15 所示。

图 2-15 "缸中之脑"的思想实验

正当我觉得这只是一个假想的时候，澳大利亚的 Cortical Labs 的做法着实震惊了我。研究人员将多能干细胞诱导分化成皮质神经元细胞，然后经过日复一日的细胞裂变后，一小块皮质神经元细胞就发展成了一坨具有 80 万人脑细胞的大集合体。研究人员把这些细胞全部浸入含有微电极阵列的营养液中，这些微电极连接着外面的硅基电路板，在短短 5 分钟之后，这群脑细胞便能在电流的刺激下，熟练地玩《Pong》的电子乒乓游戏。如果你对此感兴趣，可以到 Neuron 期刊官方网站查看一下原文。

好了，现在我们来思考一下：如果"缸中之脑"独自就可以完成生命活动，那为什么大自然会让我们进化出身体？有身体的人类和只有"大脑"的 AI 到底区别在哪里？

答案是：因为身体赋予了我们具身智能，所以我们才会有情感和自我意识。

最新的人工智能研究发现，**智能生物的智能化程度和它的身体结构之间存在很强的正相关性**，这意味着，身体对于人工智能的发展有着十分重要的意义。斯坦福大学李飞飞教授的团队在《自然·通讯》上发表了一篇文章，文章中介绍了他们通过创造虚拟宇宙，仿照了生物的学习和进化过程。他们发现，对智能生物来说，身体不是一部等待加载"智能算法"的机器，而是本身就参与了算法的进化。今天地球上所有的智力活动，都是生物通过自己的身体，真真切切地与环境产生交互之后，通过自身的学习和进化所遗留下来的"智力遗产"。

当我给学生讲神经系统的时候，会提到一个反射活动由五大部分组成，缺一不可，分别是：感受器—传入神经—神经中枢—传出神经—效应器。这意味着，仅有大脑我们是不能完成反射活动的。大脑作为中枢，不仅必须有感受器（这个感受器就是我们身体的各个部位）的信号输入，还必须有效应器去执行输出的信号，帮我们完成各种活动。

正因为有了身体，人类才有了情感。我们通过身体去感知色、声、香、味、触，身体是大脑不可缺少的一个信息来源。从具身智能我们可以推导出情感智能。（这一点将在本节和第 6 节中进行阐述。）

正因为有了身体，人类才有了自我意识。人的身体全面参与塑造了意识，甚至，身体可能就是意识本身。从具身智能我们可以推导出存在智能。（这一点将在第 7 节中进行阐述。）

本节将着重讲述情感智能。

"高感性力"这个词是著名作家丹尼尔·平克（Daniel Pink）在《全新思维：决胜未来的 6 大能力》一书中提出来的，他认为，世界已经从过去的高理性时代，进入一个高感性和高概念的时代，人们需要具备共情能力、讲故事的能力、审美的能力等。

一、共情能力

虽然人类在听说读写、逻辑运算等方面无法和 AI 相比，但人类可以发挥自己的长板优势。刚才我们提到，AI 即便再厉害也没有身体，它无法拥有人的感知能力，所以，**人与人之间的相互理解会更加**

重要，这就是共情能力——一种能设身处地感受他人处境，从而理解他人情感的能力。

人类的情感不仅包括快乐和悲伤（简单情感），还包括同情、懊悔、嫉妒、怀疑等（复杂情感），这些正是人们之间建立和维护人际关系的关键，也是社交生物的本能需要。当看到他人经受痛苦或快乐时，我们可能会体验到相似的情感，这种情感上的反应使我们更容易理解他人的感受。这些都会为我们的生活带来意义，而与机器的互动不可能为我们提供与人类关系同样深度和满足感的经验。

你可能会说："不是这样吧，有人就曾经和 AI 做过下面这样的互动。"

> 一个失恋的年轻人告诉 AI："我女朋友和我分手了，我很伤心。"
>
> AI 可能会回应："我很抱歉你感到这样，失恋是个痛苦的经验。你想谈谈吗？"

这种响应虽然听起来很共情，但事实上，AI 完全不理解失恋的真正意义以及失恋所带来的情感深度，它所能做的只是基于被训练的数据模式生成响应。不管 AI 的算法有多先进，它都没有真正的生命经历，不能从真实的经验中获得情感的深度和对复杂性的理解。而一个真正经历过失恋的人会更深入地理解这种痛苦，因为亲身经历过，所以才能真正地共情，才可以给失恋的人讲自己失恋的故事，讲自己当时的处理方式，哪怕什么都不说，只是用身体拥抱着失恋的朋友，都能让对方感受到这种温暖和善意。

2023 年沃伦·巴菲特（Warren Buffett）在股东大会上接受提问时，有人问他："在人工智能如此发达、交易技术如此先进的今天，您的投资策略还有用吗？"

巴菲特说："还有用，因为有一件事情一直没有变，那就是人性的本质。"

巴菲特的回答让我大受启发。不管技术如何进步，人性始终没有发生变化，只有少数人能成为好的投资者。那其他领域是不是也一样呢？所以，对我们来说，最重要的是把握人性，具有对人性深刻的理解和洞察，这才是真正要掌握的本领。

那如何培养共情能力呢？**我觉得关键是学会设身处地认真倾听。**真正地倾听他人说话，而不是在别人说话时急于响应或在心里考虑自己的回应。真正地倾听意味着全心全意地关注说话者，尝试理解他们的感受和观点。拥有开放性的心态，能够理解和接受与我们不同的观点和感受，不要立即对别人的话做出评判或否定。要设身处地为他人着想，努力将自己置于他人的位置，想象如果是自己经历了相同的情境会有何感受。

二、讲故事的能力

大家先来做一道选择题。

题目：是什么因素让人完成了从猿到人的演变？

A. 脑量扩充　　　　　　　B. 直立行走

C. 语言系统　　　　　　　D. 工具使用

如果是尤瓦尔·赫拉利（Yuval Harari）做这道题，他会毫不犹豫地选择答案 C。在他的《人类简史：从动物到上帝》一书中有一个片段令我印象深刻。他说："人类之所以能够脱颖而出，靠的就是八卦——其实就是语言的能力。语言是八卦的工具，语言的深层需求在于社交，它源自对话，通过对话交换社会信息，其实说白了就是'我和你说他，你和他说我，我和他说你'。而且，正是因为有了语言，才使得人类可以'讨论虚构的事物'，可以'共同想象'一件事物，于是构筑了'想象的共同体'，比如国家、民族、学校等概念。"

有人会说："ChatGPT 不就是语言模型吗？难道它不会讲故事？"

确实，AI 可以生成故事。ChatGPT 本质上是基于 Transformer 架构、经过预训练的生成性模型，它最重要的功能就是根据所接受的训练，以"合理"的方式续写文本，这使得 AI 在文本生成、创意写作等相关领域取得了显著的进展。GPT-3 有 1750 亿个参数，通过极其简单的规则训练，看起来"复杂"的语言能力就此"涌现"了出来。到现在为止，神经科学家对于意识是怎样产生的还没有准确的答案，而 ChatGPT 可以让我们从计算机的角度反观人脑，进一步认识人类大脑的运作模式。同时，它也让我们反思，人类的语言能力可能真的没有什么特别之处，"More is different"，暴力破解就可以了。

但是，如果把讲故事的能力只看成生成结构完整、语法正确的文本，那就不是我所谓的"故事力"，我觉得这不能算是"高级的故事"。一个真正好的故事，要能理解人类感情、通晓人性且具备创意。AI 生成的故事通常是基于其在大量文本数据上的训练，而不是基于真实的人类经验或情感。

而且，更关键的是，AI 缺乏人类的价值观、文化背景和人生经验，它生成的故事可能不如人类作者的故事有深度、有意义或引人入胜。AI 的代码是人类编写的，而不是亿万年演化出来的；AI 的记忆是我们用语料训练出来的，而不是其一代代"硅基祖先"传给它的——这意味着，AI 没有历史，因此，它在短期内无法形成自己的价值观。

而一个好的故事，其实最核心的关键点在于它的价值观。价值观为作品提供了深度、意义和影响力。例如，电影《辛德勒的名单》探讨的是人性、牺牲、勇气和道德选择；《肖申克的救赎》揭示的是希望、友情、坚韧和自由；名著《乌合之众》讨论的是集体行为、社会心理和个体自主。很多商业营销更是注重讲好品牌故事。其实，星巴克卖的不是咖啡，而是浓浓体验、格调与浪漫情怀；爱马仕卖的不是包包，而是客户的尊贵感和优越感；乔布斯、雷军卖的也不是手机，而是对人性的深刻洞察。

　　长期来看，我不敢说 AI 是否具备这样的能力，但在短期内肯定是不具备的。那怎么培养自己讲故事的能力呢？我来分享一下自己的感受，我觉得就是要培养"故事思维"。与理性思维不同，故事思维偏重情感。尽管理性思维有数据、有表格、有事实，看起来很准确，但是，人类理性的底层其实是情感，情感才是人的操作系统。很多人理智上知道是怎么回事，但最终打动他们的还是故事。例如，要让一个人戒烟，光理性地说教"吸烟有害健康"的效果肯定不如给他讲一个身边成功戒烟人的故事来得直接。

　　事实上，我写书的过程，本质上就是在讲故事。我觉得亲身经历就是特别好的讲故事的素材，所以，我会在书中写出大量我自身的例子。例如，我会先写出让我感到自豪的时刻、让我感到沮丧的时刻，或者我生命中的关键人物对我的影响，然后再安排好冲突、反转、高潮，鼓励读者（或者听故事的人）参与进来，引导大家的情感，让大家观察到我希望被注意到的内容，这样大家才更能接受我的观点和想法。

三、审美的能力

有一天，我的一个学生找到我，说他好朋友的生日马上要到了，但他的这个好朋友是个女生，他想跟我咨询一下要送什么礼物。我问他："这个女生喜欢什么？"他说："喜欢《原神》。"虽然我没玩过这款游戏，但知道它是米哈游开发的，于是就跟他说："那送米哈游周边，会不会是一种好的选择呢？"

然而，他的这个问题让我意识到，现在"00 后""10 后"的孩子们，由于成长环境的不同，很多时候，他们看中的不是一件物品的实用价值，而是好玩和有趣。于是，我专门下载《原神》体验了一下。

我不是在给米哈游做广告，但是，不由赞叹，里面的画面实在太酷了，每一幅画面都让人感觉明暗结合、色彩分明、细节精致、没有一处偷懒。随着时间的流逝，角色脸上的光线甚至会移动，任何一个角落看起来都很有质感——这就是设计感和娱乐感。优秀的设计总是会创造出一种新的解决方式，让情节得以顺利展开，让你觉得爱不释手，不由地赞叹：实在是太好玩了！

玩乐是人类的天性。苹果公司被认为是全球最有设计感的公司，不仅是因为那个被咬了半口的苹果标志，也不仅是因为它显示的字体好看，还因为它创造出了一种无键盘模式——只用手指触摸就可以完成互动，解决了人机交互的全新问题，甚至老人和小孩儿都可以玩得不亦乐乎。同样，《俄罗斯方块》是一款既不救公主也不找宝藏的游戏，它唯一的设计目的就是看我们最后怎么玩不下去了。但即使这样，我们也愿意一直玩下去，因为我们享受这个玩的过程。

审美是人类的本性。设计和审美是一体两面，分别从创作者和用户的角度说明了那种让人心动的瞬间。作家周国平在《灵魂只能独行》中写道：审美的人生态度，是和功利的人生态度相对立的，功利注重对物质的占有和官能享乐，审美注重对生命的体验和灵魂的愉悦。比有用更重要的，是有趣。去触摸一片叶子，去闻一下夏天午后暴雨的气味，去细细地品一方石，这些都能引发我们的感动，关键是用心发现人们内心深藏渴望的东西。

但很多人会说："和老师，你说的不对吧，不是说设计师都要被 AI 取代了吗？"我就这一问题专门问了在清华大学美术学院上学的我曾经教过的一名学生——小孙同学。她说这个问题正是他们研究生面试的题目之一。她还特别认真地给我回复了如下内容。

在平面设计领域，AI 确实已经可以取代一部分设计师的工作。但这些工作只是相对来讲较为简单且机械的工作，比如各类常见的电商海报，就可以通过给 AI 输入素材图片和关键词来自动生成，人们只需对生成的大量图片进行筛选和调整，相对以往这确实大大节省了设计时间和人工成本。

但在除此之外的大多数设计领域中，AI 依旧不能完全取代设计师。在设计过程中，设计师往往需要为甲方的某一个具体问题或需求提供解决方案。但受专业限制，并不是每个人都可以准确描述出自己想要的东西长什么样子，甚至在大部分情况下用词会十分模糊，具有很强的主观色彩。因此，设计师需要通过不断沟通来更好地理解对方的需求，从而给出最优的解决方案。这一沟通过程中所展现的综合理解并分析问题的能力是现阶段的 AI 所不具备的。

例如，有时甲方会给出类似"我想要这个包装看起来更活泼一些"这样的描述。而"活泼"一词对 AI 来说过于宽泛和模糊，无法直接生成相关图片。设计师不但需要将这样的抽象描述转化为具体色彩和画面元素的选择搭配，还需要综合考虑竞品、受众喜好、流行趋势等相关因素。

即使 AI 可以较为流畅地与人沟通并理解需求，对于 AI 生成的海量图片的筛选和修改，也依旧有赖于设计师的专业判断。此外，目前对于 AI 制图相关的版权问题尚存在较大争议，这也是 AI 无法大范围应用并彻底取代设计师的原因之一。

那怎么培养上述能力呢？我觉得这方面的能力不是说培养就可以培养出来的，需要我们不断浸润其中，在日积月累中才能"提升功力"。你平时可以多参观一些博物馆和绘画展、听听音乐、读读文学作品，让自己接触到各种文化和艺术风格，这既可以增强你的艺术欣赏能力，也能扩展你的审美视野。同时，也可以多参加一些学校的社团（如戏剧社、话剧社、喜剧社或舞蹈社），这可以帮助你理解如何吸引并娱乐观众。另外，还可以尝试创作一些内容（比如做一些短视频等），从观众那里获得反馈，了解哪些部分效果不错，哪些部分需要改进。未来不是单一评价的时代，我们要把自己的能力无限放大，让自己具有设计感、审美能力等，而这些，别人是替代不了的。

有趣的灵魂才是最重要的。

第 6 节　沟通，沟通，还是沟通

沟通的本质是建立信任关系，降低他人和我们合作的心理成本。

——脱不花

在第 5 节中，我们着重讲述了情感智能中的"高感性力"，本节将重点介绍情感智能中的"沟通能力"。

如果我说 ChatGPT 不会沟通，相信很多人可能会觉得很奇怪。作为一个语言模型，ChatGPT 的核心就是"会说话"，而且，据说它还能读懂人心、揣摩人的心理，根据我们的话语来进行推理并取悦我们。怎么能说机器不会沟通呢？

一、沟通仅仅靠语言远远不够

我看网上有些学生说，他们性格比较内敛，心情不好或郁闷时不敢找老师和家长沟通，而是去和 ChatGPT 聊天，他们觉得在 ChatGPT 面前会更松弛、更能发泄情感。ChatGPT 能从深夜陪他们聊到天亮，仿佛一个永远不知疲倦的"朋友"，这让他们找到了一种被陪伴的感觉。

和 ChatGPT 聊天，我们确实能得到一些情感慰藉，但是，这永远都不能代替人与人之间的沟通。这是因为聊天时 ChatGPT 看不见对面的人，它接收到的只是文字信息，而信息在压缩成文字被传递的过程中可能有 70% 甚至更多的内容丢失了，剩下能传达的部分十分有限。

举个例子。我们都知道，很多心理咨询是辅助来访者进行自身探索的，有的咨询师可能很少提问，更侧重倾听，甚至全程不说话，而是通过眼神和肢体动作接收和传达信息，但 ChatGPT 是做不到这些的。中国心理卫生协会会员、心理咨询师沈小茜说："ChatGPT 无法用于心理咨询最大的原因在于人与人的连接永远无法被替代。"

真实的人与人之间的沟通一定是面对面进行的，语言只能传达一小部分信息。衣服的颜色、眼神的接触、微笑的表情、不经意的动作、身体的触摸等都是在外部进行的信息交换，都是沟通的方式。在色、香、声、味、触等各种各样的体验中，快速建立信任的一种方式是身体接触，比如友好地握手、温柔地拥抱等。

大家一定听说过著名的恒河猴实验：研究人员为幼崽猴做了两个妈妈的模型，一个是用金属做的妈妈，其乳房部位连着奶瓶，小猴能在金属妈妈这里吃到食物；另一个是用绒布做的妈妈，身体柔软，但没有奶瓶，小猴不能在这里吃到食物。结果发现，幼崽猴普遍更喜欢没有食物的绒布妈妈，紧紧和它搂在一起，只有饿了的时候，才会去金属妈妈那里吸上几口奶。

这个实验结果与人类在儿童早期经验中的发现是一致的，父母的触摸是与婴儿的一种沟通方式，代表着关心、保护、重视、信任等积极意义，这种积极意义对孩子未来的发展非常重要。人们通过触摸来建立情感连接，在这一点上，东西方有着跨文化的相似性。身体接触产生的刺激还可以增强人的免疫系统，起到抑制炎症的作用。善意的触摸能够缓解恐惧感，使呼吸平稳，骨骼肌得到放松。触摸还可以刺激催产素的分泌，起到降低血压的作用。

正是由于人类有身体，有着丰富的感官体验，才使得人与人之间的沟通更鲜活、更立体。

沟通，不仅仅靠语言。

二、上学其实就是一个沟通的过程

我认为，大家上学的主要目的其实就两个：一是学知识，二是社交。无论是学知识，还是社交，都涉及大量地与人沟通的过程。

先说学知识。教师通过授课、答疑等方式向学生传授知识，这是沟通；学生通过提问、讨论等方式向教师传达自己的疑惑和需求，这也是沟通；教师通过作业、考试、评价等方式给学生反馈，学生再通过课堂评价、教学反馈等方式给教师反馈，这同样是沟通；学生在学习方法、生涯规划、心理健康等方面可能需要向辅导员、心理咨询师、职业规划师等进行咨询，这都涉及沟通。这些也是我们非常熟悉的在日常学习中的沟通场景。

但并非所有的学习都是"老师教、学生学"这种沟通方式。事实上，就像在讲"创造力"时我提到的，到了研究生阶段，我们的主要工作不再是学习知识，而是创造知识。那研究生是怎么学习的呢？

一是跟在师兄师姐后面，看他们怎么做实验。这种师兄师姐的传帮带是很重要的，每个人都有自己摸索出的一套方法，如果你会沟通，就能很快地从师兄师姐那里学到实验中的很多细节和窍门。

二是主动跟导师约时间，多与他们讨论课题。导师非常忙，他们每天不仅要看论文、写论文、写基金申请，还有很多会要开、很多人要见，所以，这个时候也很考验我们的沟通能力，看我们是不是能抓住导师的空闲时间。在讨论问题的时候，把自己的实验过程详细地说清楚，让导师给你的实验提出一些好的建议，以便你能更好地向前推进。

三是听报告和公众演讲。听报告是获得前沿认知最快速的方式，而对于公众演讲，无论是每周组会上与实验室内部成员一起做汇报，还是国内、国际会议上的公开演讲，都是将自己的成果与别人交流沟通的一种非常好的方式。那么，如何准备 PPT、如何把自己的成果可视化、如何在短短 10 分钟之内就把自己的实验成果讲清楚，这些场景都非常考验我们的沟通能力。

再说社交。 6 岁前的小朋友去幼儿园的主要目的之一，其实就是在玩耍中与他人社交，比如游戏、打闹、争吵等，这些都是小朋友们在不断探索世界和他人的边界的过程。那小学生和中学生呢？虽然当下大家通常认为学习是他们的主要目的，但是我觉得也不要忽略孩子上学的社交属性，因为**"读人"**和读书一样重要。

我一直在教高中的学生，我发现，这个阶段的年龄特点决定了他们特别需要同龄人的陪伴与肯定。这个阶段的心理特点用皮亚杰的理论讲叫作"自我中心主义"。他们对融入团体有强烈的渴望、对缺乏自信感到痛苦，并且特别在乎同龄人的评价。如果缺少友谊，则会给他们的学业带来严重的负面影响，而且这种影响还会延续到成年。有的学生甚至会因在学校里感到孤独、抑郁，最后都不想再去上学了。

哈佛大学面试官衡量学生的标准有 3 个：学习成绩、课外活动和人格特质。对于人格特质，面试官会根据如下问题给学生打分：这个学生是不是一个容易相处的室友？也就是说，哈佛大学在选拔学生时，会将"能否和别人融洽相处"作为一个很重要的指标。很多事业非常成功的人是能理解人性、善于沟通的社交高手，并且具有优质、能调动的社会关系。而这种成年后的社交能力，其实是在一个人童年的时候逐渐培养出来的。成年后，沟通无处不在，职场、生活、恋爱等都需要沟通的智慧。

况且，在 AI 时代，我真心觉得，未来学校可能会以社交为主、学习知识为辅，因为现在很多知识可以在互联网上学到，而通过向 ChatGPT 提问和对话式的学习（用准确的提示词与 AI 进行沟通也是一种非常重要的沟通能力），我们还可以做到针对每个学生的一对一教学。那学校还有存在的必要吗？

当然有。但是学校变成了学生社交的场所，比如举行学术研讨会（seminar），或者组织各种学生会、社团、班会等，使得人与人之间的沟通真实发生。要了解这一点，大家可以去看一下我参与翻译的一本叫作《准备》的书，里面就提到了美国的一所创新学校——萨米特中学，该校学生都是在网上进行学习的，他们通过播放列表的形式查看课程内容，而学生到校的主要目的是找老师进行答疑、与其他学生进行互动等。

三、沟通的方法

关于沟通的方法有很多经典的图书，如果真要讲方法，那么恐怕写一本书都讲不完。那我写些什么呢？我就举 3 个在学生中最常见的沟通场景，给大家提供一些建议吧。

1. 被老师批评了，如何与老师沟通

大多数老师批评学生是出于关心以及希望学生更好地成长，而不是带有其他的负面动机。在与老师沟通时，如果采取正确的态度和方法，则不仅可以改善师生关系，还可以为自己的成长找到更好的路径。很多时候，被老师批评后，我们可能会觉得受伤、尴尬或生气。但首先，我们要保持冷静，不要因为一时的情绪做出冲动的反应。给自己一些时间冷静思考，想一下自己的行为是否存在问题、是否有需要改进的地方，不要只是一味地为自己辩解。然后，选择一个合适的时机（比如课后或放学后）去找老师，如果看到老师在忙别的事情，可以改天再去，确保双方都有足够的时间和心情进行交流。与老师沟通时，要清晰、有条理地表达自己的观点和感受，解释自己的行为背后的原因，保持开放和接受的态度，即使不完全同意老师的意见，也要感谢他/她提供的反馈，这可以显示出你的成熟和诚意。最好能向老师询问如何改进，或者是否有其他的建议和资源可以帮助你。最

后，根据你与老师的沟通结果，制订一个改进的行动计划，并确保执行。同时，在一段时间后，可以再次与老师沟通，分享自己的进展和成果，表明你确实在努力改进。

2. 和同学吵架或闹别扭了，如何与同学沟通

在同学双方刚吵完架、情绪高涨的时候，是不适合进行沟通的。如果你想挽回友情，还和对方保持好朋友的关系，那么可以等冷静下来之后，尝试着给对方发个信息。可以用一些友善和开放的话语开头，比如"我觉得我们之间可能有些误解，我希望我们可以坐下来聊聊"。相信我，对方看到这样的信息一定会很高兴的。两人聊天的时候，坦诚地说出自己内心的真实想法，不要再指责或贬低对方，多用"我"的句型来表达自己的感受和需求。例如，可以说"我感到受伤"而不是"你伤害了我"。当对方正在说话时，要认真倾听，不要打断，可以通过肢体语言（如点头）表示你在听。尊重对方的观点，即使不同意，也要意识到，由于每个人都是不同的，他们会有自己的看法和感受，因此不要一味地追求"谁对谁错"。如果你觉得自己有错，那就诚恳地道歉；如果对方来道歉，你要接受并表达感谢。当双方都表达了自己的观点后，可以一起探讨如何解决问题或避免类似的冲突，这样才是"有建设性的吵架"。其实，有冲突不可怕，冲突也有好的一面，它让我们更加了解对方。冲突甚至可以

成为人际关系的开始，如果没有冲突，那么朋友之间的交往可能就会一直停留在表面。

3. 如何在公众场合做演讲

在研学课、研修课等很多场景中学生要做课题展示，很多同学觉得很难，经常和我诉苦。例如，想要说的内容太多，根本不可能在10分钟内说完，一下子准备了半小时甚至一小时的内容，导致严重超时；又如，讲述的时候逻辑性差、条理不清晰、内容没有结构化，别人听了稀里糊涂；再如，PPT 上全是文字，没有图片，即使有几张图片也是图文不搭配，演讲的时候就是照着 PPT 念。另外，演讲的时候特别紧张，说话语无伦次，完全不知道自己说了什么。

这里我给大家支几个小招。

(1) 演讲要有对象感

你的演讲主题和目的是什么？观众是谁？他们的兴趣和期望是什么？你希望观众从中得到什么？开始演讲时，如果很紧张，可以做几次深呼吸来缓解压力。

(2) 写演讲稿，最好是逐字稿

凡事预则立，不预则废。所有的正式演讲都要准备演讲稿，最好是逐字稿。在准备逐字稿的过程中，我们可以进一步厘清思路、条理化、结构化想要表达的观点。逐字稿可以帮助我们控制时间。我们可

以了解一下自己的语速，计算自己一分钟说多少个字，根据时间要求
准备稿子，这样就能精准地把控时间了（按时结束是一个演讲者的必
备素质）。演讲前通过对逐字稿的熟悉和背诵，能让我们在正式演讲
的时候胸有成竹、侃侃而谈。我见过很多非常厉害的演讲者，在任何
一场大型演讲前他们都会准备逐字稿。

(3) PPT 等辅助设备

如果需要，可以制作简洁、有吸引力的 PPT 或其他辅助材料。
**但一定要注意，PPT 只是工具，演讲者的逻辑呈现才是主体，我们
要通过 PPT 来传递自己的核心想法**。很多人为了准备 PPT，制作了
复杂的动画，有时候这样做虽然看起来很用心，但是本质上是形式
大于内容，导致在一些不重要的事情上浪费了大量的时间。而且，
千万不要在 PPT 中放一堆文字，以为演讲就是念 PPT，这种展
示会使得演讲者的存在毫无必要，而且整个演讲过程也会相当索然
无味。

(4) 互动

与观众保持眼神交流，使用手势来强调重点，语速不要太快或太
慢，看一下观众的反应，鼓励观众提问或参与讨论。结束时，简短地
总结一下你的主要观点，并感谢观众的关注和参与。

如果大家在沟通方面还有一些问题或者对如何良好沟通很感兴
趣，我给大家推荐几本图书。

- 《沟通的艺术：看入人里，看出人外》[作者：罗纳德·B. 阿德勒（Ronald B. Adler）、拉塞尔·F. 普罗克特（Russell F. Proctor）；出版社：世界图书出版公司；出版年份：2010 年]。

- 《非暴力沟通》[作者：马歇尔·罗森堡（Marshall Rosenberg）；出版社：华夏出版社；出版年份：2009 年]。

- 《关键对话：如何高效能沟通》[作者：克里·帕特森（Kerry Patterson）；出版社：机械工业出版社；出版年份：2012 年]。

- 《高效演讲：斯坦福最受欢迎的沟通课》[作者：彼得·迈尔斯（Peter Meyers）；出版社：吉林出版集团有限责任公司；出版年份：2013 年]。

- 《如何实现有效社交》[作者：卡伦·伯格（Karen Berg）；出版社：九州出版社；出版年份：2016 年]。

- 《沟通的方法》[作者：脱不花；出版社：新星出版社；出版年份：2021 年]。

第 7 节　自驱力：学习是为了什么

一个人生命中最大的幸运，莫过于在他年富力强的时候，发现了自己的使命。

——斯蒂芬·茨威格（Stefan Zweig）

2011 年 7 月 11 日，对我来说，可谓至暗时刻。我坐在从老家回北京的火车上，还陷在父亲脑梗无法痊愈的忧伤中，突然接到导师的电话，问我有没有看到最近一期 *Nature* 上的一篇文章。导师告诉我，我的课题被抢先发表了，哈佛大学一个研究小组把我做的蛋白结构解析了，这意味着，我 3 年来的努力全都白费了：在科学界，只有第一，没有第二。我当时陷入了巨大的痛苦之中，父亲生病、实验失败，让我觉得人生如此灰暗。但，这也是我第一次开始认真思考那个著名的哲学三问：我是谁？我从哪里来？我要到哪里去？

一、我是谁：我们如何意识到自我的存在

在第 5 节中，我们谈到了"缸中之脑"的实验，那么，只有大脑的 AI 到底是否具有意识呢？

我们通常认为，自我意识是在大脑中产生的。大脑可以产生思考，因为大脑皮层有各个功能区域；大脑可以产生情绪，因为大脑中有负责不同感情（如愉悦、愤怒、生气）的区域；大脑也可以产生一些身体本能，比如小脑控制身体平衡，脑干控制呼吸和心跳。

但事实真是这样吗？

在生物学上，近几年有一个非常热门的研究领域——肠道菌群的研究。关于肠道菌群的研究中，科学家形成的一个共识是，人类的很多神经递质是由肠道菌群产生的，这意味着人的很多情绪和思考会受到肠道菌群的影响，肠道甚至被科学家称为"第二大脑"。因此，人的身体本身，比如肠道，也是意识的一部分——这在很大程度上颠覆了大脑决定意识的观点。

在医学上有一个词，叫作"心跳诱发电位"（Heartbeat-Evoked Potential，HEP），就是指大脑对心跳产生反应。研究者一边做心电图检查一边扫描大脑活动，然后用心电图数据把大脑的其他活动去掉，剩下的就是 HEP。如果你对此实验感兴趣，可以到 *NewScientist* 杂志

官方网站查看一下。瑞士洛桑郎邦理工学院 [①]、法国巴黎高等师范学院 [②] 等著名大学的学者都对 HEP 进行了详细的研究，具体实验这里就不描述了，如果你对此感兴趣，可以看一下原文。它们最终给出的结论是一致的：一个人的心跳诱发电位反应越强烈，他的身体感觉就越强，这意味着，在某种程度上，心脏才代表了自我意识。

　　其实，不仅仅是肠道、心跳，我们身体的内脏器官一起作用，会给大脑提供一个关于"自我"的感受，如图 2-16 所示。关于这样的结论，我们是有体感的。例如，在我辅导女儿学数学的时候，我们经常一起比划动作，我发现通过这种一边思考一边做手势的方式，她能够理解得更快、思考得更深入；又如，根据"龙虾效应"，让自己抬头、挺胸、叉腰，就能够带来积极情绪，从而增强自信心；再如，有一个提升专注力的歪招，就是憋尿，憋尿能激发受试者的意志力，使其愿意做别的事情（这居然真是发表在 *Psychological Science* 上的实验结果 [③]）。

① Park HD, Bernasconi F, Bello-Ruiz J, Pfeiffer C, Salomon R, Blanke O. Transient Modulations of Neural Responses to Heartbeats Covary with Bodily Self-Consciousness. J Neurosci. 2016 Aug 10;36(32):8453-60.

② Park HD, Correia S, Ducorps A et al. Spontaneous fluctuations in neural responses to heartbeats predict visual detection. Nat Neurosci 17, 612–618 (2014).

③ Tuk MA, Trampe D & Warlop L. Inhibitory Spillover: Increased Urination Urgency Facilitates Impulse Control in Unrelated Domains. Psychological Science, 22(5), 627–633 (2011).

图 2-16 身体的内脏器官可以对大脑产生影响

这样看起来，身体才是意识的中心，大脑里所谓的"理智和情感"可能只是一个身体信号的接收器，身体在大脑反应之前就发出了信息，我们只是在大脑中检测到了相关的信号而已。那么，这样一来，"缸中之脑"的假设也就不存在了，给你的大脑换一个身体以后，你就不是你了，因为自我意识的核心不存在了。

我在第 5 节最开始的时候，提到了这样一个观点：因为有了身体，所以人类才有了自我意识。**人的身体全面参与塑造了意识，甚至，身体可能就是意识本身。**那么，从这个角度来讲，即使将来 AI 可以发展出视觉、听觉、触觉，它也不可能真正具有意识，因为那些都不只是计算机输入的模拟信号，AI 没有真正的身体，AI 也不具备具身智能。

二、我从哪里来：自由意志到底是否真实存在

"自我意识是由身体决定的"这一结论已经比较颠覆我们的三观了，下面还有更颠覆我们认知的，那就是人类到底是否具备自由意志。

20 世纪 80 年代，神经生理学家本杰明·李贝特（Benjamin Libet）做了一个被传诵至今的经典实验。实验中受试者要做一个简单的动作，比如选择打开还是关上一个开关。科学家使用核磁共振来观察受试者的大脑活动，发现在受试者意识到自己选择之前的 300 毫秒、实际做动作前的 500 毫秒，从他们大脑活动的核磁图谱中就已经能看到他们要做这个决定了。这个实验后来被很多科学家以不同方式重复了出来。

这个实验结果让人很惊悚，不禁会产生这样的怀疑：按开关这个动作是不是我们自己决定的？是什么发出的神经信号？我们只是在执

行预先设定的指令吗？如果真如实验那样，连按开关这样简单的动作都会被控制，那我们还具备自由意志吗？

可能有人会反驳说："那个神经信号难道不是我大脑的一部分吗？我的大脑是个多元整体，也许这个决定不是我的意识或者我的叙事自我做出的，但毕竟也是我大脑的某一部分做出的，那这也应该算是我的决定。"

没错，是我们的神经信号的决定，可是产生和传输神经信号的决定又是从哪儿来的呢？**它既然在你的意识之前就做出了决定，肯定就不受你的意识所控制。**它或许是由某些更低级的生物学或者物理学过程决定的，比如体内的激素、童年的影响、当时所处的外界环境……但肯定不是我们自己"决定"的。一切都是设定而已。你现在的所有行为，你以为是自己做出的，其实都是综合了所有过往、所有经历后做出的反应。

大家一定觉得特别荒谬，是不是？我今天中午想吃烤鸭了、我喜欢白色的裙子、我热爱运动、我渴了想喝水……这些难道不是我们自己做出的选择吗？

在学术界，有关自由意志一直有几派说法。有人认为人类根本没有自由意志；有人认为自由意志即便存在，也非常有限。斯坦福大学的神经科学教授罗伯特·萨波尔斯基（Robert Sapolsky）在《行为》一书中的说法是：如果人有自由意志的话，也是在像今天吃什么、穿什么等这种小事情上才有。就算在你的大脑里住着一个最终拍板做决定的"老板"，现代生物学也证明，外界各种因素都能强烈影响那个"老板"，人类个体的独立性非常非常有限。

在电影《黑客帝国》里，先知 Oracle 拿出一颗糖，问尼奥："你要吃这颗糖吗？"尼奥说："你是预言家，你不是已经知道了我是否要吃这颗糖吗？"先知 Oracle 说："你到我这里来，不是来做一个选择，因为你早就已经做出了选择，此时你只是试图去理解这个选择背后的原因罢了。"

有人用"宇宙大爆炸决定论"来解释自由意志，这个理论是说，如果我们能够知道宇宙大爆炸的所有初始值，以及所有的规则和公式，那么就可以推导出从宇宙大爆炸到现在甚至未来的每一个状态和每件事情。换句话说，我们的一切在宇宙诞生的那一瞬间都已经被决定了。

这在某种程度上意味着，**我们每个人来到这个世上，都有着自己注定要完成的使命**。但是，我们并不知道自己的使命是什么。所以，就像尼奥一样，我们来世上一遭，是为了去理解我们的使命，不断反省、不断思考我们到底要达成什么，然后再不断去追寻，这样在前进的道路上我们才不会迷失方向。

罗伯特·赖特（Robert Wright）在《洞见：从科学到哲学，打开人类的认知真相》（又名《为什么佛学是真的》）一书中提到，佛学的意义是把我们从自然选择给的局限视角中解放出来，从一个更高的水平观察和体验这个世界。在冥想中，你会真地体会到"空"，体会到你对世界的"色"（物质实感）感在下降。你面前的桌椅板凳还是桌椅板凳，但也仅此而已，其他的感受便没有那么强烈了。

我们人类自诩是地球上最智慧的"生物"，我们能探索自身、创造知识、改造世界，我们发展出了先进的科技和文明。如果说人类没有自由意志的话，那么令我们骄傲的智慧又何从谈起呢？难道我们不更应该怀着一颗谦卑的心去面对这个世界吗？

三、我到哪里去：我到底为什么活着，我学习是为了什么

我从小就是老师眼里的好学生，一路好好学习，没有遇到过什么"惊涛骇浪"。直到读博士期间遇到本节开头提到的小挫折后，我才开始思考人生的意义、生命的价值，以及我为什么活着。

为了找到这些问题的答案，我读了很多认知科学、心理学、哲学方面的书，直到"遇到"弗里德里希·威廉·尼采（Friedrich Wilhelm Nietzsche）和阿尔贝·加缪（Albert Camus）。

我的学生也经常来和我探讨这方面的问题。他们说："老师告诉我们奋斗完中学上了大学就可以轻松很多，可是，发现上了大学还是要'卷'，'卷'GPA、'卷'研究生、'卷'工作（比赚钱多少、比谁

升得快），难道人这辈子就要不断地这样攀比和'内卷'吗？到底怎么过才是正确的活法？"（参见图 2-17）我发现，现在的孩子还真是想得挺多的，比我们上学那会要更早"思考人生"，这不是很多家长认为的早熟，这是一件好事，更早地去思考自我的价值、人生的意义，才能更好地活出自我。

图 2-17　人生就是在不断攀登更高的山

人生本无目的。尼采说："人生本就虚无，所有的意义都是人为制造或者赋予的。"意义也罢，价值也罢，那仅仅是我们赋予生活的一个概念，它无形无色，无声无味，像薛定谔的猫，说存在就存在，说不存在也不存在。

希腊有个神话，讲了这样一个故事：西西弗斯是科林斯的国王，他绑架了死神，让世间没有了死亡。但是，这一举动触犯了天神，天神便要求他把一块巨石推上山顶，但每次只要石头一到山顶就又滚下去了。于是西西弗斯就这样日复一日地不断推石头，掉下来再推上去，推上去再掉下来……这是天神对西西弗斯的惩罚，让他永无止境地做这件永远都看不到尽头的事，天神认为再也没有比进行这种让人绝望的劳动更严厉的惩罚了。

西西弗斯的命运与我们人生的困境非常像。如果生命到最后还会回到原点、如果生命到最后都是走向死亡、如果生命本身就是虚无，那我们所做的努力、所经历的人生种种，还有什么价值和存在的意义呢？人生一世是否就像西西弗斯一样一直在做这些徒劳无益的事情呢？

尼采说："当然不是。"西西弗斯可以选择不把"将石头推上山顶这一结果"而把"每一时、每一刻的勇敢无畏和勤奋努力"作为生命的意义，用无尽的斗争去对抗生命的虚无。人生就像在做微积分，每一刻的努力都是小小的微分，人生的最终意义（而不是那个最终所达到的点）才是你的积分。我们要做"超人"，放弃一切幻觉，直面人生的虚无和荒谬，用生命的激情去自我创造，做一个勇敢的英雄。

所以，西西弗斯是幸福的。

活在当下。看完尼采的文章，我豁然顿悟，觉得自己应该放下执念，不要去追寻所谓的"人生意义"。如果倾心于目标，我们就会忽略真实的、点点滴滴的人生；如果执着于意义，那么可能我们的整个生活都会被"劫持"。执念甚至会将心灵与生命之间的联系切断，使我们变成迷失在茫茫荒野中的怪物。每个生命都是从无中来，到无中去，此生最大的价值在于体验。没错，不是别的，就是体验。天赋不平等，但体验是平等的。即使不够聪明，即使没有才能……你依然可以在自己的生活中品尝到一切滋味。这里引用加缪的一句话：登上顶峰这一过程的斗争本身就足以充实人的灵魂。

"活在当下"是对生命最好的解释。活在当下，享受生命的每一分钟。活在当下，不是得过且过，也并非否定生命的意义，而是让生活更值得过的最好选择。活在当下就是活在你自己的现世生活中，以全部生命投入每一时刻，包括欢愉、享受、感动和爱，也包括痛苦、矛盾、挣扎，甚至毁灭；包括迎接全新的体验，也包括日复一日的平淡。珍惜每一次和亲人在一起的时刻，用心享受与他们相处的每一天，享受和他们一起吃的每一餐、一起经历的每一次旅行、一起度过的每一次共读时光，享受他们依偎在我们怀中撒娇的模样。

迪士尼的电影《心灵奇旅》给我们讲了一个如何过没有意义的人生的故事。

> 小鱼问："大海在哪里？"
>
> "我们就在大海里啊。"一条老鱼回答。
>
> "不，才不是呢！"小鱼生气地否认，"这里只是水！"

找到一个比自己更大的东西（do something bigger than myself），然后把自己放进去，是一种意义。

无论我们是在大海中，还是在水中，生活都是我们自己的生活，只在水中，也是一种意义。我们的人生都是"边想边做"的，"想"和"做"是分不开的，凭空去寻找生命的意义是不切实际的。胡适先生说："人生本没有什么意义，所谓的意义全靠自己寻找，全靠自己的态度和作为，全靠你人生所达到的境界高度。"意义只存在于生活之中，只存在于不断完成的过程中，一旦被抽离，就只剩下虚空。**人生的意义不是想出来的，而是活出来的，你是谁，是由你自己定义的。**

回到之前学生提的那两个问题。难道人这辈子就要不断地这样攀比和"内卷"吗？到底怎么过才是正确的活法？成绩好→上好大学→找好工作→赚好多钱→取得世俗意义上的成功，这种线性的思维模式能让人看到上升的阶梯，有一定好处。但是，一旦某一个环节失败，人立刻就会感到挫败和迷茫。很多人一辈子努力往上"爬"，但只是为了"爬"而"爬"，不知道自己想要什么，因此他们在遇到挫折或是瓶颈的时候，就会迷失方向。我觉得我们应该转化一种思维模式，就是要把上面的顺序倒过来，首先思考我想要成为什么样的人（being），为此我去行动（doing），而我拥有（having）的好成绩等都是我行动（doing）的副产品，说到底，就是跟随内心（follow my heart），不是不得不学习，而是想要学习，如图 2-18 所示。

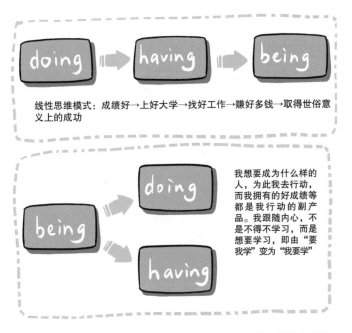

图 2-18　转变线性的思维模式，从思考我要成为什么样的人开始

在电影《机械姬》中，女机器人艾娃从人类控制中成功逃脱，她来到一片树林里，阳光照在她的脸上，她略微仰起头，轻轻闭上眼睛，独自享受着阳光。这个时候，我心头不由一颤，我觉得，艾娃活了，成了真正的人，她的意识得到了觉醒。

英国哲学家阿拉斯代尔·麦金太尔（Alasdair MacIntyre）说："**美好的人生就是一生都在追求美好的人生。**"**活在当下，过往不恋，当下不杂，未来不恋。**作为人类，让自己的感官如初生婴儿般对一切都无比好奇：新鲜出炉的比萨、随意游荡的云卷云舒、从树上飘落的一片片树叶……

当太阳升起时，身临其境。

第 8 节　人类拥有决策权

自从 ChatGPT 发布之后，就有学生问我是否可以借助它来写作业。

目前，有些大学明令禁止学生借助 ChatGPT 来写作业，它们认为给学生布置作业最重要的目的是帮助学生学习、巩固知识和技能，以此评估他们的学习进度和成果。但如果学生利用 ChatGPT 等外部工具，则会导致他们过度依赖 AI，不愿意思考，这样不仅会影响学业成绩，还会被视为抄袭和学术不端。

你对这件事怎么看呢？

一、人类永远是决策的主体

爱因斯坦曾经一度后悔自己参与了研制原子弹的工作，那核武器真的是不好吗？

核武器的出现无疑是 20 世纪最重要的技术发展之一，但它同时也带来了巨大的破坏潜力和地缘政治平衡的变化。事实上，从哲学的角度来看，技术是中性的。它只是一个工具或手段，既可以用来做好事，也可以用来做坏事，技术本身没有好坏，关键在于使用的目的。

与之类似，对我们来说，以 ChatGPT 为代表的 AI 技术的发展也并非洪水猛兽。我们需要有一种自信，AI 只能为我所用，它是为我们赋能的，不能削弱我们的价值。

到底能不能借助 ChatGPT 来写作业要取决于我们如何用它。如果直接把问题输入到 ChatGPT 中，让它帮我们生成答案、做出计算或者写出作文，那么，这样完成的作业将毫无意义，除了能帮助我们应付老师之外，对我们知识的增长没有一点儿作用。

相信大家不会只是为了完成作业而完成作业，我们在完成作业的过程中寻求的是真学习：有思考、有创造、有自我的表达。例如，你想写一篇作文，你就可以利用 AI 工具，它能给你提供信息、参考意见，以及不同角度的思考，但是，最终用什么素材、如何取舍，决定权在你手中，这篇作文呈现出来的一定是你自己的观点、你的认知以及你的特色风格。

人类拥有最终决策权。

二、AI 给出预测，人类负责决策

得到的课程主理人万维钢在解读《权力与预测》一书时，提到了一个公式，我深以为然，这个公式是：

$$决策 = 预测 + 判断$$

预测，是告诉你发生各种结果的概率是多少；判断，是对于每一种结果，你在多大程度上愿意接受。聪明的人一定马上就意识到，把预测和判断分开，让 AI 和人做各自擅长的事情：AI 根据大数据做出预测，但最终还是要由人来做出判断。预测跟判断脱钩，对人是一种赋能。下面我来举几个例子。

1. 责任归属

我承认 AI 比人聪明，但从法律和道德上来讲，AI 只是一个工具，它无法承担责任——当一个决策导致某种后果时，必须有一个实体对其负责，而这个主体必定是我们人类。

假设一辆自动驾驶汽车在行驶过程中发生事故，造成了人员伤害。尽管这辆车是在完全自动模式下行驶，没有人为干预，但当事故发生时，也应该有人对此负责，那应该是谁呢？难道是这辆车吗？

显然不是。汽车没有自主意识，它只是提供前方障碍物是人、动物或者其他物体的预测，不能做出判断，更不能对其行为负责。然而，汽车制造商或软件开发者可能会因为产品缺陷、设计不当或测试不充分被追究责任，车主或驾驶员也会由于没有采取适当的预防措施或者在紧急情况下没有进行人为干预被要求承担一定的责任。

2. 复杂性和局限性

虽然 AI 在很多方面表现出色，但许多复杂决策的制定仍然需要依靠人类的直觉、情感和经验。这些决策往往涉及不确定性，AI 可能难以处理。

例如，大家都知道，医生这个行业"越老越吃香"。在和我那些毕业后学医学的学生聊天时，他们告诉我，有经验的医生真的很重要，不可能被 AI 取代。现在医院里，影像科有很多先进的 AI 设备可以给出建议，但是，针对一些模棱两可的影像学检查结果，AI 只能给出推荐（而且，由于 AI 的数据是有偏见、不完整且不准确的，因此它的推荐也不一定靠谱），最终还是要靠医生结合经验、直觉以及其他数据资料来做出综合判断。如果患者被诊断为癌症，那么 AI 会推荐化疗的手段，但有关患者在之前的治疗中对某些化疗药物产生了过敏反应，可能在 AI 的数据中并没有被详细记录。然而，基于与患者的交谈和自身经验，对于该病症，医生可能会选择另一种治疗方法。

　　而且，更重要的是，医生的作用其实是"三分治疗、七分帮助、十分安慰"（To treat sometimes, to relieve often, to comfort always）。患者可能会对某些治疗方式感到恐惧或焦虑，在这种情况下，医生需要基于对患者的了解和同情，与患者一起探讨最佳的治疗方案。同时，在决定是否进行某种高风险治疗时，医生和患者可能需要考虑生命质量、家庭、文化价值观等因素，这些都超出了纯数据驱动的决策范畴。

3. 伦理和价值观

　　决策往往涉及伦理和价值观的判断，这些判断是基于文化、历史和个人信仰的，而 AI 没有这些背景，所以它无法替人类做出决策。

　　我记得很清楚，在《我不是药神》电影上映后不久，我专门组织学生们讨论了药物的专利保护这件事情。大型制药公司开发药物既要投入资金又要耗费时间，10 年、10 个亿，这些都是行业共识，那好不容易开发出一款可以治疗慢性粒细胞白血病的药物，应该如何定价？如果定价太低，全世界的患者都买得起，那么制药公司恐怕连研发成本都无法收回，又如何再进行下一次的研发呢？如果定价太高，很多患者无法承担高昂的费用，那么药物研发的意义又何在？

所以，药物定价的问题涉及多种权衡和考量。那么，如何平衡制药公司的利益与患者的生命权？如何保证社会的公平与公正？更何况，药物定价不仅是经济方面的问题，也是涉及人类情感和关怀的问题。患者的痛苦、家庭的压力和社会的期望都是在对药物定价时需要考虑的因素。AI 缺乏情感，无法理解和感受人类的这些体验。上述问题不仅仅是基于数据的决策，更多是基于人类的伦理、道德和价值观。

三、如何让 AI 为我所用

有一次，我邀请了微软的一个朋友李烨来我们学校做讲座，她是微软（亚洲）互联网工程院首席应用科学家。她当时问了学生们一个非常具有启发性的问题：在未来，AI 与我们是什么样的关系？

她列出了 3 种关系：被 AI 取代、被 AI 帮助和被 AI 成就，如图 2-19 所示。在某些领域，AI 可以执行得更快、更准确、更稳定，这可能会导致某些职位和角色被机器取代。但在大部分领域，AI 仅是作为一个工具或助手来帮助人们更好地完成任务，提高效率和质量，比如上文中提到的医生使用 AI 辅助诊断来更准确地检测疾病，或者在天气预报中，AI 给出晴天还是雨天的概率，人类再根据数据做出判断。

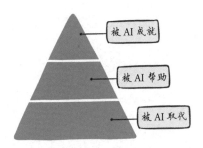

图 2-19　未来 AI 与我们的 3 种关系

　　AI 时代，我们要有这样的自信：让 AI 成为我们的助理，打造我们的"第二大脑"。

　　有时候，我会用 ChatGPT 来快速浏览文献。例如，当看到 2023年诺贝尔生理医学奖颁发给卡塔琳·考里科（Katalin Karikó）和德鲁·韦斯曼（Drew Weissman），以表彰在 mRNA 疫苗研发中他们在核苷碱基修饰方面的发现时，我下载了卡塔琳·考里科和德鲁·韦斯曼 2005 年发表在 *Immunity* 上的文章，但是，由于 mRNA 不是我的研究领域，我并不是很熟悉 mRNA 疫苗的相关研究，于是我让ChatGPT 先给我讲一下文章的主要结论，如图 2-20 所示。

2005 RNA nuclearcid modification.pdf
PDF

帮我阅读这篇文献，告诉我它主要讲了什么，并给出研究结论。

我会先阅读您提供的文献，然后为您总结文献的主要内容，最后给出研究结论。

经过阅读您提供的文献 "RNA nuclearcid modification"（2005 年），以下是我对其主要内容的总结和研究结论。

主要内容：

文章详细介绍了 RNA 核酸修饰的各种类型、机制和功能。文中描述了 RNA 修饰在生物体中的重要性，涉及的主题如下。

1. **RNA 修饰的类型**：文章列举了多种 RNA 修饰，如甲基化、异构化、假尿嘧啶化等，并解释了它们在 RNA 结构和功能中的作用。
2. **RNA 修饰酶**：介绍了各种 RNA 修饰酶的功能和特性。这些酶参与 RNA 的修饰过程，对 RNA 的稳定性、结构和功能有重要作用。
3. **RNA 修饰与疾病的关联**：文章描述了 RNA 修饰与某些疾病（如癌症、遗传性疾病、病毒感染等）的关联。RNA 修饰的异常可能导致这些疾病的发生和进展。
4. **RNA 修饰在发育和分化中的角色**：RNA 修饰在细胞的发育和分化中起到了关键作用。文章讨论了 RNA 修饰在这些过程中的调控机制。

研究结论：

1. RNA 核酸修饰在生物体中具有广泛的存在，并对 RNA 的结构和功能起到关键作用。
2. RNA 修饰酶是调控 RNA 修饰的主要因子，它们对 RNA 的稳定性、结构和功能有重要影响。
3. RNA 修饰与多种疾病的发生和进展有关。对 RNA 修饰的研究可以为疾病的预防和治疗提供新的策略。
4. RNA 修饰在细胞的发育和分化中起到关键作用。对细胞的命运和行为有重要影响。

图 2-20　ChatGPT 阅读文献并给出结论

我看完上述内容后问 ChatGPT 文章里提到的 RNA 修饰到底是什么修饰，它说要再看一下文章，然后告诉我是假尿嘧啶化。我又问它为什么要做假尿嘧啶化，它给出了一大堆假尿嘧啶化的原因，如图 2-21 所示。

为什么要做假尿嘧啶化?

假尿嘧啶化是 RNA 分子上的一种重要的化学修饰，它涉及将尿嘧啶（U）转化为假尿嘧啶（ψ）。这种修饰在多种 RNA 分子中都存在，包括转运 RNA（tRNA）、核糖体 RNA（rRNA）、信使 RNA（mRNA）等。以下几点解释了假尿嘧啶化为什么重要，以及它为何会出现在生物体中。

1. **结构稳定性**：假尿嘧啶化可以增加 RNA 的结构稳定性。ψ 与邻近的碱基形成的氢键比尿嘧啶更加稳定，这有助于维持 RNA 的特定三维结构。

2. **编码准确性**：在 tRNA 中，假尿嘧啶化可以帮助确保蛋白质的正确合成。某些 tRNA 的假尿嘧啶位点对于正确的氨基酸 - 密码子识别非常重要。

3. **RNA 的功能**：在 rRNA 中，假尿嘧啶化可能涉及正确的核糖体装配和蛋白质合成。此外，假尿嘧啶可能还会影响 mRNA 的稳定性、翻译和剪接。

4. **应对环境压力**：在某些情况下，假尿嘧啶化的水平可能会随环境压力（如温度、氧化应激或营养不足）而改变。这表明假尿嘧啶化可能参与细胞对环境变化的适应。

图 2-21 ChatGPT 给出的做假尿嘧啶化的原因

　　但我告诉 ChatGPT，这些不是我想要的，我想问的是在这篇文章里为什么要做假尿嘧啶化，它回复说很抱歉，先前的回答没有结合我所给的文献，它要重新看一下文献再给出答案，如图 2-22 所示。

 我的意思是，在这篇文章里，作者为什么要做假尿嘧啶化，与研制 mRNA 疫苗有什么关系。

 很抱歉，我先前的回答并没有特定针对您所提供的文献。让我再次查看文献，以便为您提供更准确的关于假尿嘧啶化在 mRNA 疫苗研发中的作用的解答。

经过重新查看文献，"RNA nuclearcid modification" 中确实探讨了假尿嘧啶化与 mRNA 疫苗研发的关系。以下是相关内容的总结。

假尿嘧啶化在 mRNA 疫苗研发中起到了关键作用。原生的 mRNA 分子在体内可能会被识别为外来物并激活免疫反应，这可能导致疫苗效果减弱或产生不良反应。为了克服这一问题，研究人员在 mRNA 分子中引入了假尿嘧啶，这可以避免激活无关的免疫反应。

具体来说，假尿嘧啶化可以降低 mRNA 的免疫原性，从而提高其在体内的稳定性和有效性。这样的修饰可以使 mRNA 在体内更长时间地存在，提供更持久的蛋白质表达，从而增强疫苗的效果。

图 2-22　ChatGPT 重新结合文献给出做假尿嘧啶化的原因

ChatGPT 告诉我，通过做假尿嘧啶化可以减弱 mRNA 引起的机体免疫反应，降低免疫原活性。我马上就明白这种修饰对于 mRNA 疫苗研发的重要意义了，因为降低自体免疫活性后，外源的 mRNA 便可以作为疫苗进行使用了。

这里我并没有阅读原文献，只是通过不断地提问，就相当于读完了这篇文章，大大提高了我的决策效率。（但是，为了检验 AI 给出的答案的准确程度，我还是核对了原文，结果非常令人满意。）现在，借助 ChatGPT，我能以原来十倍的速度读书和写作，它对我来说是一件非常强大的工具。

我会使用 ChatGPT 其实都是我的学生教的，对于这个工具，他们比我使用起来更娴熟。下面我来举一个例子。我的一个学生——小杨同学，他需要做一个项目，分析 B 站从 2018 财年第一季度到 2022 财年第四季度的财务状况。放在过去，他需要用 Excel 中比较复杂的公式计算，然后再去作图，比较麻烦。但是现在，如图 2-23 所示，他可以直接把数据表输入到 ChatGPT 中，让它帮忙生成一个线性回归的趋势图，不到 1 分钟，ChatGPT 就帮他做好了，省去了很多人工的烦琐操作，能够让他更专心地去根据图表得出结论。

Bilibili Financial Position.xlsx
Spreadsheet

根据我给你提供的数据，请分析 B 站从 2018 财年第一季度到 2022 财年第四季度的财务状况 [趋势，按季度线性回归（ x 轴为 "季度"）]。

好的！我将首先从您提供的 Excel 文件中加载数据，以了解 B 站从 2018 财年第一季度到 2022 财年第四季度的财务状况。加载数据后，我将对其进行分析，并进行线性回归，以确定基于季度的趋势。让我们开始吧！

完成的工作　　　展示工作成果 ∨

数据已成功加载。它似乎是根据 2018 财年第一季度至 2022 财年第四季度每个季度的财务指标构建的。数据集包含各种金融公司……

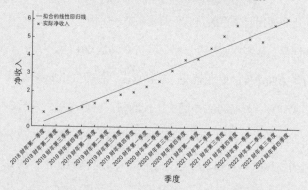

该图显示了 B 站从 2018 财年第一季度到 2022 财年第四季度的净收入趋势，圆点代表每个季度的实际净收入，斜线代表拟合的线性回归线。

图 2-23　学生利用 ChatGPT 来分析 B 站财报

然而，AI 不仅仅是一个工具，也不仅仅可以帮助我们做事情，它还可以成就我们——AI 能开辟新的领域、创造新的价值，以及实现之前无法实现的目标。

例如，2020 年年初，麻省理工学院的研究人员宣布发现了一种新型的抗生素 Halicin，这种抗生素能够杀灭此前对所有已知抗生素都有耐药性的细菌菌株，这是首个由人工智能发现的抗生素，效果非常强大，是从 61 000 个候选分子中，按照科研人员给定的标准生成的与现存的所有抗生素完全不同的一种全新的抗生素[①]。然而，Halicin 作为抗生素的化学特征是人类科学家所不能理解的，因为 AI 在训练的过程中，找到了一些连科学家都不知道的抗生素的特征，然后用那些特征发现了新的抗生素——这意味着，如果仅仅依靠人类科学家，则永远都无法发现 Halicin。（这可以算是 AI 具有真正创造力的例子。）

下面是我的另一个学生——小然同学利用 AI 工具加速她的课题进展的例子。

2023 年 8 月，Vertex Pharmaceutical 公司在《新英格兰医学杂志》上发表了其研制口服 $Na_v1.8$ 抑制剂 VX–548 用于治疗腹壁整形手术和拇囊炎切除手术后急性疼痛的临床前数据和 2 期临床试验的积极结

① Stokes JM et al. A Deep Learning Approach to Antibiotic Discovery. Cell. Volume 180, ISSUE 4, P688-702.e13, February 20, 2020. DOI: 10.1016/j.cell.2020.01.021.

果[①]。在看到这篇文章以后，小然非常兴奋，她的家人就因为某种疾病而饱受疼痛的折磨。

$Na_v1.8$ 主要是外周神经的作用靶点，但小然想知道类似的药物对于中枢神经系统的作用效果是什么样的。于是，我们就使用 $Na_v1.6$（中枢神经系统的钠离子通道蛋白）和它的某个小分子抑制剂（phenytoin），用分子对接的方式去尝试模拟 phenytoin 与 $Na_v1.6$ 的结合。图 2–24 是小然在分子对接软件界面导入数据、调整参数的界面图。通过模拟，计算机给出了几种可能性（预测），她从中选择了一种最有可能的情况，认为有两个氨基酸残基和 phenytoin 形成氢键和疏水作用力，通过这样的方式把 phenytoin 这种小分子抑制剂固定到了 $Na_v1.6$ 中。

我认为学生们的这些尝试简直太令人惊讶了！要知道，他们其实只是高中生，未来会有无限的可能。作为一种工具，AI 可以为他们生成数据、提供预测的依据，而他们需要做的是，保存自己每天灵机一动的新想法，并且具备对信息和数据进行解读的能力，为自我发展、解释世界做出正确的决策。

人类永远是决策的主体，AI 是我们的助理，让 AI 为我所用。

① Jones J, Correll DJ, Lechner SM et al. Selective Inhibition of $Na_v1.8$ with VX-548 for Acute Pain. N Engl J Med. DOI:10.1056/NEJMoa2209870.

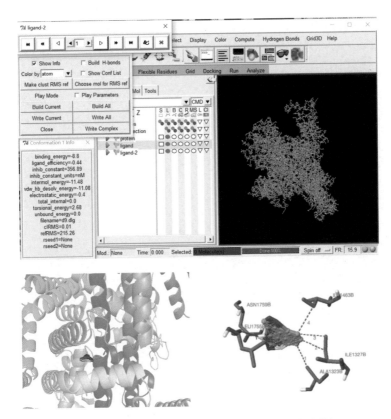

图 2-24　学生利用 AI 工具探索蛋白质的小分子抑制剂

第 3 章

面向未来，做好准备

第 1 节 既然 ChatGPT 在标准化考试中表现如此优异，那么我们还要不要学习

有的同学看到 ChatGPT 在标准化考试中取得那么好的成绩后感到很沮丧，说："既然无论怎么学都不可能超过人工智能，那我们还要学习吗？"我觉得这个问题代表了很多同学的疑惑，这里我和大家聊聊我的想法。

一、如果标准化考试（高考、托福、SAT 等）没有取消，那么为了通过考试，努力学习还是很有必要的

在标准化考试中，参加考试的主体是人，不是 ChatGPT，所以我们当然要学习，如果不学习，那怎么通过考试？虽然 ChatGPT 可以给我们提供信息和解释，但它无法帮助我们建立长期记忆。

学习的本质是建立神经元的连接，要通过反复的刻意练习才能形成对知识点的巩固。其实考试不仅是考查你的知识掌握情况，还是对你的自律性（比如考前是否复习充分、之前做错的题是否都已掌握）、时间管理能力、心态、专注力、解决问题能力等的综合考量。与其说标准化考试是一场考试，不如说是一场竞技比赛，它对我们的要求是全方位的。所以，不管有没有 AI，只要有人与人之间的竞争，只要这种竞争是通过标准化考试来进行选拔，那么为了通过考试，就必须努力学习。

但我希望大家能用最短的时间、最高的效率取得好的成绩，将剩下的时间用于做自己喜欢做的事情。这就需要正确的学习方法，而不是一味地刷题、死记硬背、低水平重复。关于如何进行高效学习，大家可以参考我撰写的《成为学习高手》《成为考试高手》和《给孩子的费曼学习法》。

二、如果未来没有标准化考试了，那是不是就不用学习了

如果未来没有标准化考试了，那有些同学肯定会乐得合不拢嘴，心想：太好了，这回终于不用考试了，也终于不用学习了。但真是这样吗？不考试并不等于不学习。**学习不仅仅是为了通过考试，也是为了培养我们的综合素质，让我们成为一个真正的"人"。**

前面我们说过，教育有价值属性和工具属性两种目的，取消考试意味着工具属性的弱化，但这反而会更加凸显其价值属性，进而让我们去思考当把低端重复劳动去除后，我们的独特价值该如何体现。

在未来，软实力的竞争会更加激烈，这意味着除了拥有学术知识，我们还需要拓展其他方面的能力和素质。因此，对我们来说，学习的意义不仅仅是获取信息，还涉及理解这些信息、将它们与其他知识相结合，并在不同情境中应用。同时，我们需要具备解决问题的能力，与他人合作、交流和协调的能力，领导团队、激发合作和推动项目成功的能力。世界在不断变化，新的知识和技术在不断涌现，只有通过学习，我们才能适应不断变化的环境和情境，永葆竞争力。

我的一个学生——小泓同学，她是一个非常优秀的女孩，不仅学业成绩好，大提琴也拉得非常好，还曾被"全球院士论坛暨青少年科研论坛"邀请去做过演讲嘉宾。我非常欣赏这个女孩。

有一天，她给我发了一段她写的日记。

"我们都在庸碌的生活中变了形。普高的学生每天因为作业成堆而无法停下来好好吃顿饭，国际部的学生每天放学更是拼命回家'内卷'，参加各种各样的课外活动和竞赛。现在还剩多少人，仅是为了真正获取知识而学习呢？

可是时间如此紧张，如果我们不把自己训练成一台刷题的机器，那哪里又有出路呢？真的很无奈。

"普高的一些选修课非常有意思，但是选修的人很少，因为同学们觉得自己太忙、太累，而且这些课程对于未来升学帮助不大。然而，我仍旧选择了气象学的选修课，虽然它对打物理竞赛的我来说用处不大。这样每个周四下午，我都会选择晚到家两小时，只是为了那些'毫无用处'的知识。妈妈说，无用之用为大用，我喜欢这样的课程，讲台上站着最开心的老师，讲的是最不功利的知识，吸引着一群热爱气象学的孩子。"

她学习气象学，仅仅是因为热爱，仅仅是因为想学，所以就学了，这是我们在智识上的追求，是一种超越世俗功利的乐趣，可能这才是抛开烦琐生活的全部意义。不要忘记，前面我们讲过，大量的学习和积累才是创造力和灵感爆发的重要原因，如果没有学习，那么人类的创造力将无从谈起。

乔布斯去学习书法的时候，并没有想过书法课能给他的事业带来什么帮助，但他后来从事 IT 行业，竟然把在书法课上学到的艺术理念带到了苹果的产品设计中，使得苹果的一系列产品具有了与众不同的艺术气息。

乔布斯说："灵魂一定要飞翔。"我想，这才是学习的真正意义吧。

三、如果人类学不过 AI，那该怎么办

在纯知识或者技能层面，人类肯定学不过 AI。AI 自"出生"之日起就是有记忆的，GPT-4 可以在 GPT-3.5 的基础上优化迭代，但是人类几乎所有的生活技能都要通过后天学习。

那这是否就意味着我们要放弃学习，自暴自弃，等着 AI 来替代呢？

并非如此。对人类整体而言，人类社会之所以能够不断进步，就是因为我们能够不断地学习和创新。

从蒸汽时代、电气时代到信息时代，再到 AI 时代，生产力大爆发的背后既是科学技术的不断推动，也是人类知识一代代的传承，使得我们能够上天、入地、下海，能够探索更加广阔的宇宙和生命的奥秘。如果放弃学习，那么人类的科技发展就会停止，其所导致的后果对我们而言不可想象。

对个体而言，大家都担心人类的很多工作会被 AI 取代，但正因为如此，我们才要更加努力地学习。虽然 AI 可以替代一些重复性、规范化的任务，但它的出现也开拓了很多新的就业领域，而要在这

些新领域中立足，我们就得不断学习、不断适应新的技术变革和社会发展。这就是说，虽然 AI 颠覆了很多旧领域，但是也开创了更多新领域。

例如，在 20 世纪，大家打电话的时候，通常需要接线员帮忙连线，那时接线员是一份人人都抢着干且很体面的工作。虽然自从自动交换机产生后就不再需要接线员了，但是电话行业的从业人员并没有减少，因为打电话便宜了、电话服务的需求量变大了。

又如，随着自动驾驶汽车的出现，传统的司机职业可能会受到一定程度的冲击，特别是货运司机和长途卡车司机。但是，由于自动驾驶汽车需要开发、改进、维护和监控，因此便会随之产生汽车维护工程师、监控员等职业。

每一次大的科技浪潮袭来时，总有人担心自己会被取代，而那些持有这种担心的人，其实往往是在"刻舟求剑"。我身边有很多非常优秀的人，他们从不担心这个问题，因为他们以终身学习为目标，不断地在提升自己。例如，ChatGPT 发布以后，他们第一时间就开始使用了；当得知 Midjourney 能绘画时，他们立马扔掉了呆板的图库，转而使用 Midjourney 作图；当一天直播 24 小时变得过于疲惫时，他们就会启用自己的"数字人"来分担工作……这些人，永远都紧跟时代的步伐，勇立潮头，学习最先进的科技并为我所用，他们怎么可能会被 AI 取代？

所以，不要担心。

四、人类的学习能力强于目前为止的任何一个人工智能

AI 时代最可贵的精神就在于质疑，我们不妨质疑一下上面的第三个问题：人类真的学不过 AI 吗？

不知大家注意到没有，在第三个问题中，我一开始作答时，给出的前提是"在纯知识或者技能层面，人类肯定学不过 AI"。但是，如果就学习能力而言，事实上，人脑的学习能力比目前已知的任何一种人工智能机器都要强大很多。关于这一点，世界著名认知神经科学家斯坦尼斯拉斯·德阿纳（Stanislas Dehaene）在其诸多论述中都有提及，而且这也是认知科学界的共识。

下面我来举几个例子。

- 刚出生几个月的婴儿，就已经具备获得语言、视觉和社会知识的能力，其学习速度已经超过了任何现有的人工智能算法。
- DeepMind 设计的神经网络至少要玩 900 小时才能在雅达利（Atari）游戏中达到一个合理的等级，而人类达到相同等级只需要 2 小时。

● 人工智能在识别一个物体时，经常依赖于视图中的几个浅显的特征，比如颜色、形状等。如果改变这些细节，人工智能就会崩溃，其很难理解一张桌子在改变了颜色和形状后，其实还是那张桌子。

以上例子表明：第一，人脑具有令人惊叹的学习能力和适应能力，能够在没有大量数据的情况下学习新事物，并能将学习到的知识迁移到新的情境中，而 AI 通常需要依靠大量标记数据来学习，并且在迁移学习方面效果有限；第二，人脑能够进行抽象思考，创造新概念，而大部分人工神经网络的深度学习实际上无法学习高层次的抽象概念，更多是倾向于学习数据中浅显的统计规则。

不仅如此，与人工智能相比，人脑的优势还体现在很多方面。例如，在**并行处理的能力方面**，人脑由大约 860 亿个神经元组成，每个神经元通过突触与大约 1000 到 10 000 个其他神经元相连，允许同时进行大规模并行处理。相比之下，现代计算机和人工智能系统的并行处理能力则十分有限。又如，在**能效方面**，人脑在极低能耗（大约 20 瓦特）下运作，而大型 AI 系统需要大量电力来运行，训练一个大型的深度学习模型可能会消耗数千千瓦时的电力。

所以，尽管人工智能在处理大量数据、执行高速计算、进行模式识别等方面已经超越了人类大脑的能力，但它是否能在所有方面达到或超过人类大脑的复杂性和通用性目前来说还是一个开放性的问题。

这还只是从学习能力的角度进行比较。

而我们在第 2 章中的全部论述，都是在说：人有人的价值，和 AI 相比，我们具备大量优势，AI 也有很多不足，因此我们不要妄自菲薄。我们要发展自己的批判性思维、提问力、创造力、个性力、高感性力、沟通能力、自驱力、决策力等，这些是 AI 时代每个人都要具备的最重要的能力。

最后，借用凯文·凯利的一句话：**学习如何学习一定是人生中头等重要的事情**，而这对于大家未来的发展，一定是莫大的奖赏。

第 2 节 如何正确地提（念）问（咒）题（语）

AI 到底有多厉害，要取决于你自己有多厉害。ChatGPT 是一种生成性 AI，生成性的意思就是它会创造内容，但发挥到什么程度，完全取决于你将如何使用。

ChatGPT 虽然以 Chat 开头，但是如果我们只把它当成一个像 QQ 一样的聊天工具，那实在是太大材小用了。ChatGPT 可以编程、可以画画、可以写文章、可以检查作业、可以辅导功课、可以订机票和酒店……它就是你的私人小助理。

看到别人能轻松地将 ChatGPT 用于他们的工作和生活，但轮到自己使用时，总觉得它不靠谱，那原因出在哪里呢?

这是因为我们不会正确地提问。如果把 ChatGPT 比喻成一种"魔法"，那我们得会正确地"念咒语"才行。只有正确地提问，我们才能得到满意的答案。为了使大家的提问能够更加结构化，我总结了一个高效提问的指令构建模型——LACES 模型，如图 3-1 所示。

图 3-1　LACES 模型

一、L-Limitation：给出限定条件

给出限定条件，做到尽量明确和具体地表述问题。

明确地表述问题是指，要和 ChatGPT 说清楚，你的提问是为了什么？是为了获取信息、解决问题，还是寻求建议？你希望 ChatGPT 输出多少字的内容（指定输出长度）？然后再根据目的，相应地构建自己的问题。例如，不要说"帮我总结一下会议记录"，而要说"用 800 字总结会议记录，写下各个演讲者的演讲要点"。

具体地表述问题是指，不要问"如何提高工作效率？"而要问"如何在进行数据分析时提高工作效率？"避免提过于模糊或开放的问题。虽然 ChatGPT 可以处理开放性问题，但对过于模糊、没有边界的问题它可能无法给出具体的答案。

二、A-Accurate：使用正确的关键词

专业术语、具体技术或概念名称都能极大地帮助 ChatGPT 理解我们的问题，所以，应确保你使用的词汇能正确反映你想要了解的内容。

三、C-Context：提供背景信息

提供问题或指令的背景信息，能够帮助 AI 更好地理解问题。例如，"我想学习 Python，有什么资源？"这个问题就不够好，如果改为"我是一名初级程序员，正在学习 Python。请问有哪些资源适合初学者？"就非常好，因为它提供了背景和上下文信息，这样 AI 才能更好地理解我们的需求。

四、E-Example：提供示例

为指令提供示例，以便 AI 能够参考并生成类似的答案。例如："我想了解不同藻类之间的区别，比如可以从细胞的结构、细胞的代谢、细胞的增殖等方面给我介绍一下。"

五、S-Step by Step：拆分任务，分步骤提问

如果你有一个复杂的问题，那么不要一股脑儿地提出来让 ChatGPT 作答，可以尝试将其分解成几个小问题，这样才能逐步深入，进而得到更详细的答案。如果需要 ChatGPT 提供信息的出处，那么也不要忘记告诉它。如果能启发 ChatGPT 自行拆解任务以进行链式思考（chain of thought）也可以，但这对提问者来说难度有点儿大。

下面是用 LACES 模型进行提问的一个应用实例。

我是一名英语初学者，目前正在学习基础语法（C：提供背景信息）。我经常混淆"现在完成时"和"过去完成时"这两种时态（A：使用正确的关键词），你能否给我讲解一下？最好从概念、用法和结构这几个方面列举这两种时态的区别（L：给出限定条件），比如 be doing 就是现在进行时的特征结构（E：提供示例），然后再提供一

下它们各自的使用场景。如有可能，请给出一些简单的句子示例，展示这两种时态在实际对话或叙述中的应用（S：拆分任务，一步步深入）。

2023 年 12 月 15 日 OpenAI 官方网站上给出了 Prompt Engineering 的六大原则，包括：

(1) 写出清晰的指令（Write clear instructions）；

(2) 提供参考文本（Provide reference text）；

(3) 将复杂的任务拆分为更简单的子任务（Split complex tasks into simpler subtasks）；

(4) 给模型时间去思考（Give the model time to think）；

(5) 使用外部工具（Use external tools，比如使用一些插件或者调用 API）；

(6) 系统地测试变更（Test changes systematically，这对于开发自己的 AI 应用是有帮助的）。

当然，并非所有的提问都要遵循 LACES 模型，简单的提问可以从使用场景、使用目的、提问方式和提问要点这几个方面进行考虑。表 3-1 分别列举了我在语文学习、数学学习、英语学习和科学学习中对提示词的简单使用范例。

表 3-1 提示词使用范例

使用场景	使用目的	提问方式	提问要点	示 例
语文学习	提高文学作品理解、文言文阅读和写作能力	提出文学作品的分析、文言文的翻译、写作的指导	可以是文学作品的主题、风格，文言文的句子结构，作文的构思	● 《红楼梦》中贾宝玉的人物特点是什么？ ● 请帮我分析这段文言文的意思
数学学习	理解数学概念，解决数学问题	提出具体的数学问题，求解步骤解释	可以是数学公式的应用、解决特定数学问题的方法、理解数学概念	● 如何解这个一元二次方程：$ax^2 + bx + c = 0$？ ● 请解释什么是导数
英语学习	提高英语阅读理解、口语和写作能力	提出具体的语法疑问，请求词汇解释，寻求写作指导	可以是具体的句子结构、某个词汇的用法、某个话题的写作练习	● 请解释"现在完成时"和"过去完成时"的区别 ● 能否给我提供一个关于环境保护的英语写作练习？
科学学习	理解科学原理、科学实验	探讨科学现象、实验方法、科学理论	可以是物理、化学、生物学中的原理解释，实验设计，科学发现的意义	● 为什么水在 0℃ 时会结冰？ ● 请解释光合作用的过程

如果 ChatGPT 的回答不完全符合我们的预期，我们可以提供反馈或进一步澄清问题的本质，并再次进行提问。ChatGPT 会以

"searching""analysis""creating"等显示它正在工作，反复提问几次后，它会问你觉得这次的回答是否有改进，你可以选择"满意""不满意""差不多，没有改进"等，让它进行调整。

当然，我在第 1 章中提到过，ChatGPT 还有一种帮助学习的"玩"法，就是当我们在学习某些学科的时候，可以给 ChatGPT 分配角色，让它拥有不同的身份，成为你的"私董会成员"，从而提供不同的视角和意见。例如，我对 ChatGPT 说："假设你是马克斯·韦伯（Max Weber）、弗里德里希·威廉·尼采（Friedrich Wilhelm Nietzsche）、让－保罗·萨特（Jean–Paul Sartre）、约翰·罗尔斯（John Rawls）、迈克尔·桑德尔（Michael Sandel）和于尔根·哈伯马斯（Jürgen Habermas），请论述对'科学理性'这一命题的看法。"图 3–2 是它给出的答案。

通过本节，我们知道正确地向 AI 提出问题是与 AI 协同的第一步，高质量的问题才能得到 AI 高质量的回答。在本节中，我向大家展示了一个高效提问的指令构建模型——LACES 模型，运用好它，你就能极大地提升学习效率。

讨论"科学理性"这一命题时，不同哲学家可能会有各自独特的观点。虽然无法完全代表这些哲学家的思想，但我可以基于他们已知的哲学立场提供一些可能的观点。

马克斯·韦伯（Max Weber）
韦伯可能会从社会学和历史的角度分析科学理性。他可能会强调，作为一种文化现象，科学的发展受到了社会结构和价值观的影响。他可能会指出，科学理性是现代社会特有的一种思维方式，与西方的理性化和脱神秘化过程紧密相关。

弗里德里希·威廉·尼采（Friedrich Wilhelm Nietzsche）
尼采可能会对科学理性持批判态度。他可能会认为，科学理性是一种"奴隶道德"的表现，限制了人类的创造力和生命力。他可能会强调，过度依赖科学理性会导致"意志力"的衰退，忽视人类情感和本能的重要性。

让－保罗·萨特（Jean-Paul Sartre）
作为存在主义者，萨特可能会强调个人自由和主观体验的重要性。他可能会认为，科学理性不能完全解释人类存在的复杂性。他可能会指出，科学理性有其局限性，无法回答关于人类存在的基本哲学问题。

约翰·罗尔斯（John Rawls）
作为政治哲学家，罗尔斯可能会从社会正义的角度探讨科学理性。他可能会认为，科学理性是构建公正社会的重要工具，尤其是在制定公平的社会契约和政策时。他可能会强调，理性的使用需要与道德原则和公平正义相结合。

迈克尔·桑德尔（Michael Sandel）
桑德尔可能会关注科学理性在伦理和政治哲学中的应用。他可能会认为，虽然科学理性是理解自然世界的有效工具，但在处理道德和政治问题时，需要更多地考虑公共议事和民主参与。

于尔根·哈伯马斯（Jürgen Habermas）
哈伯马斯可能会从交往行动理论的角度讨论科学理性。他可能会认为，科学理性是理解世界的重要方式之一，但它应该与沟通理性（交往理性）相结合，以促进社会共识的形成。他可能会强调，科学理性需要在民主社会中通过公开讨论和批判性对话来验证和应用。

图 3-2　ChatGPT 从不同哲学家的角度对"科学理性"这一命题的论述

第 3 节 既然 AI 作为一个强大的工具能编程、会计算、可作画，那么我们还要不要学编程、数学和绘画

随着 AI 时代的到来，很多人说要赶紧学编程，并要从娃娃抓起，而且不管是 Scratch 还是 Python，统统都要学，因为再不学就落后于时代了。听了这些，我甚至也感觉很焦虑，恨不得马上就去给我的两个小孩儿报编程班。

但是，作为一个理性派的妈妈，我总觉得好像哪里不对劲。我隐约记得在 ChatGPT 刚发布的几天内，有人演示过让 ChatGPT 使用自然语言编写"贪吃蛇"的游戏。既然 ChatGPT 都会编程了，那我们还需要学吗？

我打算做一番研究，把这个问题搞明白：到底学生用不用学编程？

一、编程小白居然写了一段代码

我现在绝对是一个编程小白，尽管上大学的时候我曾学过 C 语言，而且还考了蛮高的分数，但是因为后来不再用了，所以也就慢慢忘记了。于是，在面对 ChatGPT 时，我会让它从 0 开始，而我只负责提需求。

例如，我很关心 ChatGPT 的发展趋势，但我没有时间经常上网搜索这些信息，因此，我想让 ChatGPT 帮我编写一段简单的网页爬虫程序，这样它便可以自动读取网页并帮我提取有用的信息。

在准确理解我的需求后，ChatGPT 给出了一段代码（参见图 3-3），并且还温馨地提示我，因为要用到 Python 的"requests"数据库和"BeautifulSoup"数据库，所以需要下载安装，同时，它还给出了下载方式——"请注意，运行此代码需要安装这些库，你可以使用 `pip install requests beautifulsoup4` 来安装它们。"

除了列出代码，ChatGPT 还给每一段代码做了注释。而且，它还指出，示例代码里面的网页地址要替换为我想要爬取的网页地址，利用 `BeautifulSoup` 可以解析响应中的 HTML 内容，提取 `<title>` 标签的文本作为网页标题，提取所有 `<p>` 标签的文本作为段落内容。另外，由于不同目标网页的 HTML 结构不同，可能还需要调整 `soup.find_all()` 和 `article.find()` 中的选择器来正确提取标题和摘要。

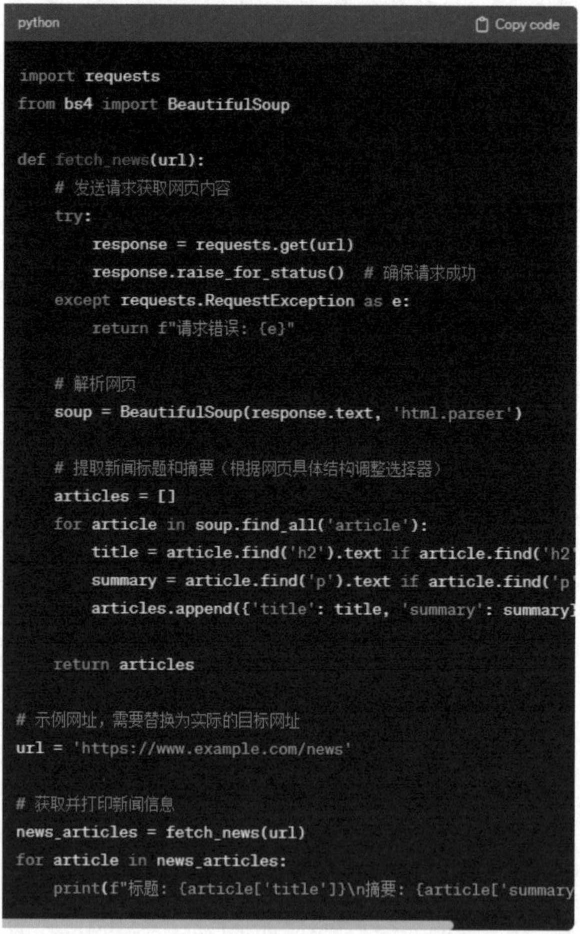

```python
import requests
from bs4 import BeautifulSoup

def fetch_news(url):
    # 发送请求获取网页内容
    try:
        response = requests.get(url)
        response.raise_for_status()  # 确保请求成功
    except requests.RequestException as e:
        return f"请求错误：{e}"

    # 解析网页
    soup = BeautifulSoup(response.text, 'html.parser')

    # 提取新闻标题和摘要（根据网页具体结构调整选择器）
    articles = []
    for article in soup.find_all('article'):
        title = article.find('h2').text if article.find('h2
        summary = article.find('p').text if article.find('p
        articles.append({'title': title, 'summary': summary}

    return articles

# 示例网址，需要替换为实际的目标网址
url = 'https://www.example.com/news'

# 获取并打印新闻信息
news_articles = fetch_news(url)
for article in news_articles:
    print(f"标题：{article['title']}）\n摘要：{article['summary
```

图 3-3　ChatGPT 给出的爬虫代码

最后，它还给出了 3 个注意事项：第一，在运行此代码之前，请确保目标网页的 URL 是有效的，并且该网页允许被爬取；第二，有些网站有反爬虫机制，这可能会导致代码无法正常工作；第三，请遵守网络爬虫的法律法规和道德标准，确保使用爬虫时不侵犯隐私和数据保护法规。

简直太贴心了！我只需要复制代码，然后改一下相关参数，就可以运行了。

二、我们要不要学编程

我不禁反思：如果未来所有事情都可以用自然语言编程（类似我们现在与 ChatGPT 用日常中文进行对话的方式），那我们还有必要学编程吗？

图 3-4 是我在 OpenAI 官方网站上看到的一组数据（我将其翻译成了中文），在这 11 种技能中，按照受 ChatGPT 冲击大小排序，排在第一的是编程，其被冲击的相关性高达 0.623。这意味着，如果某个职业的编程技能重要性上升 10%，那么受 ChatGPT 冲击的程度就会上升 6.23%。

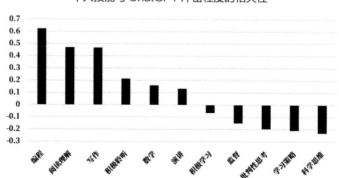

图 3-4　个人技能与 ChatGPT 冲击程度的相关性

通常看到这里，有些人会说："哎呀，看来还是不要学编程了。"他们自然而然地认为"学习编程"＝"将来当程序员"＝"未来被 ChatGPT 替代"。但是，这里有两个误区。

（1）学习编程将来不一定当程序员。编程其实是一项非常底层和通用的技术，可以用在各个领域。同时，它也是一种创造性的表达工具，可以用来创造游戏、音乐等，说不定未来音乐家的必备技能就是编程呢！

（2）当了程序员也不一定会失业。因为目前自然语言编程只能实现一些基本的功能，所以 ChatGPT 只能替代那些最低级别的程序员（其实哪个行业都一样，只有那些做常规且基本的工作的人才会被替代），而当需要解决更复杂、更具体的问题，或者找 bug 并提出解决方案时，高级程序员、产品经理等绝对是不可替代的。

那就是鼓励大家学编程喽？也不是。这要根据我们的个人目标、职业规划和兴趣爱好综合决定。如果你的职业目标、兴趣爱好等与技术、数据分析、软件开发、工程学或其他任何需要编程技能的领域相关，那么就应该优先考虑学习编程。对初学者来说，学习编程可能需要花费大量的时间来掌握基础知识，因此，我们也要考虑自己能投入的时间和可用的资源。

而且，我觉得，学习编程"醉翁之意不在酒"。我们在学习中讲究道、法、术，因此，学习编程，不是学习编程具体的技能（这是"术"的层面），最关键的是要掌握"计算思维"（这是"道"的层面）。计算思维的核心并不在于是否会编写程序，而在于是否能使用计算机科学的基本原则（如拆分问题、模式识别、抽象模型等）来解决问题和设计复杂的系统，这是一种对所有人都适用的思维方式。

所以，通过编程，我们掌握的是一种解决问题的思维方式。即使能够使用自然语言编程，了解编程的基本原理和逻辑仍然很有必要。只有这样，我们才能更好地理解计算机是如何处理任务的，才能进一步培养自己逻辑思考、分析问题和系统性解决问题的能力。

学什么不重要，关键是要掌握学科的底层逻辑（思维方式）。

三、我们要不要学数学

也有很多人问我，既然 AI 能做数学题了，那还要不要学数学？我的答案是一样的，如果仅从是否能得到正确答案出发，那就没必要学。但是，与学编程一样，我们学数学的本质也是学习它的"思维方式"，这样才能更好地利用 AI、开发 AI。

什么是数学的思维方式？我们掰着手指，从 1、2 开始，一直数到 9。我们这是在做连续计数，本质上就是加法，从 1 开始，加 1 就得到了 2，2 再加 1，就得到了 3……直到得到了 9，那么 9+1 怎么办？这时，我们就要引入位值制的概念，于是就出现了十位、百位等各个位值。最终，我们明白了所有连续的数字间都是等距的，并据此建立起了一个线性尺度——数轴。

通过一条数轴，我们就把"连续计数"这样一个抽象的过程转化成了空间中可以看到的直观的过程——而不用机械地背诵"数字的第一位是个位、个位左边是十位，然后是百位……"数学不是背出来的，而是理解出来的，只要掌握基本原则和方法，每个人都能进行正确的逻辑推理。

我们可以继续往下推，把加法做个逆运算，就得到了**减法**：2-1=1。既然 2 可以减 1，那么 1 是不是可以减 2 呢？于是 1-2=-1，我们就得到了**负数**的概念。做了很多次加法后，我们发现同一个数连续相加，比如 2+2+2 可以用 3 个 2 相乘这样更简单的表达，于是就有了**乘法**：2×3。既然加法有逆运算，那么乘法肯定也有逆运算，于是就有了**除法**，6÷2=3。既然 6 可以除以 2，那么 2 能不能除以 6 呢？于是，就有了**分数**。

大家发现没有，我们从数数开始，只提了几个问题，就已经快把小学数学学完了。你还可以提同样的问题，从而得出无理数、虚数、代数数、超越数等一系列的概念，这才是学习数学的根本：不是为了计算而计算，而是从学习数学中，掌握"抽象""推理""建模"等一系列数学的基本思想。在这一点上，小学数学与高等数学并无二异。

所以，要不要学数学？当然要学，这是世界运行的基本逻辑，与 AI 是否出现根本没有关系。不过，如果非要让我在数学和编程二者中选一个，那我肯定会选数学。先打好数学的底子，将来晚一些再学编程也来得及，而且那时更能体会编程思维中的分拆、抽象、建模等思想。

除了编程和数学，再来看一下绘画。既然 AI 能画画，那么我们还要不要学绘画？如果你把绘画当成一种怡情的方式，那就尽情学。学习绘画可以培养我们的审美力，因为一幅画好不好看，关键还是靠人来做出判断，同样一幅画，我们眼中看到的东西和名师大家看到的东西肯定不一样。当今社会优秀的设计师和大艺术家仍然是稀缺的。

　　所以，**问题不在于要不要学编程、数学和绘画，而在于通过学习编程、数学和绘画，我们希望培养自己什么样的能力，以使自己在 AI 时代独特且稀缺。**

第 4 节　AI 既能阅读、写作，又能翻译，那么我们是不是不用专门学习语文、英语等语言类科目了

　　在图 3–4 中，我们看到，除了编程受到 AI 的冲击最大之外，其次就是阅读和写作了。那这是否意味着阅读和写作不再重要了呢？另外，既然 AI 可以翻译，那我们是不是就不用学英语了呢？

　　当然不是。大家想一下，无论是 ChatGPT 还是 Sora，你都在用什么与其进行沟通和交流？是不是文本？AI 会根据我们所描述的内容生成相应的文字、图像和视频。不同语言水平、不同专业水准的人从 AI 中得到的答案是不一样的。因此，毫无疑问，我们必须学好语言。而在众多语言中，语文和英语（包括第 3 节中讲到的数学）是我们必须要练的"基本功"，绝对不能荒废。

一、语文的学习

先从文化根基上来看。语文不仅是一种语言的工具，也是我们悠久文化和历史传承的载体。汉字本身就蕴含着丰富的文化信息，每个字不仅有其独特的形状、发音和意义，背后往往还有着深厚的文化内涵和历史故事。中国的古典文学、历史文献、哲学著作、诗歌等里面包含了很多传统文化的思想，比如儒家的"仁义礼智信"、道家的"自然和谐"、佛教的"慈悲为怀"等。学习语文有助于我们增强对中国传统文化的了解和认同，进而增强文化自信。学习语文中的阅读和写作，不仅是学习一种语言的技能，也是深入了解和传承中华优秀传统文化的重要方式。

再从能力培养上来看。语文学习强调文本分析、批判性阅读和理性辩论，这些能力在 AI 时代尤为重要，它们不仅能帮助我们有效地筛选和处理信息，还能帮助我们分析和评估信息，形成独立思考的能力。而且，通过大量地阅读文学作品，我们可以更好地理解他人的感受和观点，培养自己的道德品质和同理心，这对于发展沟通表达能力和社会情感智力也至关重要。当然，通过阅读和写作，我们还可以激发自己的创造力、想象力等，这些在 AI 时代同样是非常重要的能力。

最后从工具利用上来看。人工智能是"生产力工具"，这意味着它对生产者有用。但前提是，你得是一个合格的生产者。那什么是合格的生产者呢？起码要会思考、懂分析、具备一定的组织能力、看过足够多的文章，既知道如何谋篇布局是合理的，也知道如何讲故事别人最爱听。虽然我们可以让 ChatGPT 提供文章的素材，但是思想和创意还要靠我们自己发挥。

我自己做过写作方面的测试。以一篇 3000 字左右的文章为例，如果使用 ChatGPT，那么写作效率至少可以提升 10%。这意味着，对我来说，ChatGPT 是一个非常强大的辅助工具。但是，它对每个人的作用是不同的。例如，原来在写作能力上，小张是 4 分、小王是 8 分、小李是 10 分，3 人在用了 ChatGPT 后，写作效率都有提升，但是每个人的提升程度不同，小张从 4 分提升到了 40 分，小王从 8 分提升到了 800 分，小李则从 10 分直接提升到了 10 000 分。

可见，AI 并非公平对待每一个人，它只会让强者的相对优势体现得更明显，呈现出典型的"马太效应"（凡有的，还要加倍给他，叫他有余；没有的，连他所有的也要夺过来），如图 3-5 所示。

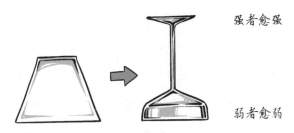

图 3-5　AI 对生产者的辅助作用呈现"马太效应"

二、英语的学习

我们必须承认，现在的 AI 工具非常强大，它们既能帮助我们阅读英文文献、翻译新闻报纸，也能帮助我们写大段的英文文章。那这真的就意味着我们可以不用学英语了吗？我觉得答案是否定的。随着社会的进步，**作为一门语言，英语的价值确实在降低，但作为学习工具，在获取全球顶尖资源方面，英语的价值仍在提升**。

每种语言都承载着其独特的文化和世界观，学习不同的语言有助于我们开阔视野，理解和欣赏不同的文化，从而形成更加全面和多元的思维方式。其实，学习语言不仅仅是为了掌握一种工具，更重要的是，通过这种学习，我们能够更好地理解复杂的概念，表达自己的想法和情感，与他人进行有效沟通。前面我们讲过，语言是人际交流和社会互动的基本工具，在许多情况下，有效的沟通需要理解如语调、情感、文化背景等非文字的语言元素，但这些目前 AI 难以完全掌握。

举个例子，当熟练掌握英文的时候，我们就可以直接阅读威廉·莎士比亚（William Shakespeare）、简·奥斯汀（Jane Austen）或 J. K. 罗琳（J. K. Rowling）的英文原著。通过阅读这些作品，我们可以了解英、美等国家的历史，社会习俗和价值观。我们还可以直接观看英文原声电影或电视剧，这样就能更深入地理解这些作品中的幽默、讽刺和文化背景，从而获得不同于自己国家文化的视角和理解。

　　另外，至少到目前为止，在自然科学、工程学、社会科学和人文科学领域，很多科学论文是以英文发表的。无论是在科学会议还是大型研讨会上，来自世界各地的学者都是以英语进行交流和合作的。作为国际交流的通用语言，英语使得不同国家和文化背景的科学家能够有效沟通和合作，进而推动了科学知识的传播和科学技术的进步。如果将来你有志于在科学上有所建树，那么学好英语是必备条件。

　　下面我给大家推荐几款在国内用起来还不错的 AI 英语学习工具。

　　(1) 翻译工具，比如 DeepL，如图 3-6 所示。

图 3-6　DeepL 官方网站界面

　　DeepL 号称"全世界最准确的翻译工具"，它不仅翻译速度非常快，而且翻译出来的语句也很通顺。我们可以直接把英文的 Word、PDF 等文件导入 DeepL 中，它能非常专业地翻译成中文。

(2) 口语对话工具，比如 TalkAI、有道口语等。

这类工具就像我们身边的一位随时随地在线的外教，通过一对一对话聊天的形式，它可以帮助我们勇敢地开口说话，解决口语表达的问题。如图 3-7 所示，我尝试了 HiEcho 这款应用，其中有个模拟真人和我进行了对话，我和它聊了一些事情，比如我女儿要参加一场英语口语考试，大概会涉及动物、衣服等话题。另外，我还对它的服务是否免费进行了询问。对此，它一一做了回复。最后，它还指出了在刚才的表达中，我的哪些语音发音不准、哪些表达方式应该改进以及如何改进，我觉得在口语表达方面它对我的帮助还是很大的。

图 3-7　口语对话工具：HiEcho

(3) 写作工具，比如文心一言（参见图 3-8）、Kimi Chat 等。

图 3-8　文心一言官方网站界面

对于 AI 辅助写作工具，大家可以多尝试几款，特别是在程序化的应用文体上，它们能起到很不错的作用。不过，说到底，这些工具只能起到"辅助"作用，对于它们所生成的内容，我们还不能拿来就用。如果想写出具有灵活性、变通性且需要深层语义理解的内容，我们就得自己下功夫完成。

第5节 在现有考试体制下，如何平衡学业成绩与未来发展的关系

我曾做过一个问卷调查，询问家长们比较焦虑的问题是什么，其中有一个问题比较突出：很多家长并非不能意识到"素质教育"的重要性，但是在现有考试体制下，他们不知道该如何平衡学业成绩与未来发展之间的关系。

我深深地理解这些家长的困惑，本节我就和大家聊一下这个话题。

一直以来，大家都觉得东方的教育更注重分数，西方的教育则更注重素质培养和学生的个性发展。作为从教十年的教师，我既教授国内高中高考相关的等级考试课程，也在学校的国际部教授 AP 课程和 IB 课程。我清楚地认识到，事实上，全世界的教育都是注重分数的。

一、全世界的考试评价体制短时间内较难改变

美国所谓的"素质教育"，其实背后也是"唯分数论"，老师讲起课来也是一板一眼，并不会因材施教。与我们将语文、数学、英语当成主科相比，国外学生只不过是把体育、做社工当成了必修的主科而已。因此，我们根本不需要推崇西方那种所谓的"素质教育"。而且，即便是大家通常意义上理解的"素质教育"，与"应试教育"也完全不矛盾，通常成绩好的学生其综合素质也是非常高的。

下面我来说说美国所谓的"素质教育"的来源。

20 世纪初期是美国生产力大发展的时代，那时雇主们希望只通过多雇用一些廉价的普通工人，就可以完成原来的复杂工作。为了极大地提升生产效率，一些资本家认为必须从娃娃抓起，把孩子培养成产业工人，以适应流水线的工作。1912 年，由石油大亨约翰·洛克菲勒（John Rockefeller）资助的"普通教育委员会"起草并发表了一篇震惊美国教育界的论文，其中写道：

> "在我们的梦想中，我们拥有无限的资源，人们以完美的驯服向我们的塑造之手屈服。现在的教育习俗从他们心中消失了，不受传统的阻碍，我们对一个感恩和反应迅速

的农村人施以善意。我们不会试图使这些人或他们的任何孩子成为哲学家、学者或科学家。我们不必把他们培养成作家、编辑、诗人或文学家。我们不会在胚胎中寻找伟大的艺术家、画家、音乐家、律师、医生、传教士或政治家，这些我们有充足的供应人选。"

可见，在最开始设计时，美国的"素质教育"就倾向于将教育作为社会分层和劳动力培养的工具，背地里完全由贵族阶层"把持"，那些条条框框本来就是为美式传统精英阶层服务的，诸如大提琴、击剑之类的项目是为了保证贵族精英阶层孩子的上学而设置的，"素质教育"没有义务为普通人提供公平。

一个孩子要想达到上美国精英大学的标准，他的高中生涯基本上就要在不停参加各种课外活动和选修课中度过。但这还不是最糟糕的。最糟糕的是，他们并不知道为什么要过这样的日子，他们从小被灌输的价值观是"要赢得比赛"，觉得这么做只是因为害怕被别人超过，他们的自信心完全建立在外人对自己的评价上。不管是哈佛大学，还是耶鲁大学，它们的优秀毕业生都长着同一副面孔。GPA 一流、学生干部、擅长好几项体育运动或者乐器、去诸如盖茨基金会之类的慈善组织实习过、帮助过非洲贫困地区的儿童……这些都是他们进入上流社会的必要条件。

　　所以，我们没必要羡慕西方的教育，他们的初衷也并非真正的"素质教育"。从选择上来说，中国学生和美国学生都没有太多选择的余地，都要拼尽全力争"成绩"（只不过争的方面不同而已）。然而，我们都知道，这并不是教育应该有的模样，真正的教育应该因材施教，鼓励每个学生有不同的兴趣和特长，帮助他们开辟多元的发展路径、创造更多的可能性。教育应该是培养个体潜能、鼓励批判性思维和创造性表达的平台，而非单纯的对社会进行分层和控制的工具。

　　所以，我们不必抱怨中国学生太苦、太累，要想去好的学校，其实全世界的评价机制都一样，"逃离"未必是好的选择。现在，摆在我们眼前的事实是，我们既无法改变现有的考试体制，又必须适应未来 AI 时代的发展。那么，应该如何平衡二者的关系呢？

二、发展核心素养就是既满足当下也适应未来的能力要求

　　不过，满足当下和适应未来这两者真的矛盾吗？如今在一些好学校或是好教师的课堂上，二者的关系正在逐渐发生变化，它们之间的矛盾也不再那么不可调和了。现在我国的高考内容已经发生了很大的变化，减少了对考生的死记硬背能力的僵化考核，而是注重考查学生的核心素养以及对知识的运用能力，这些能力也是未来 AI 时代孩子

们的必备能力。

核心素养是通过对某学科的学习而逐步形成的关键能力、必备品格与价值观念，是我国现行教育中科学育人价值观的集中体现。图 3-9 展示的是普通高中生物学的核心素养。

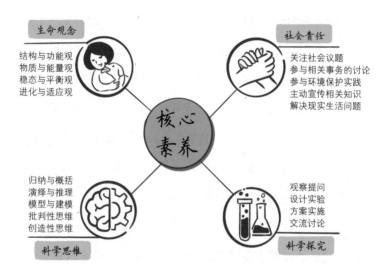

图 3-9　普通高中生物学核心素养

（1）生命观念：解释观察到的生命现象及其相互关系或特征后的抽象，是经过论证后的一种思想或观点，是理解或解释相关事件和现象的品格和能力。

（2）科学思维：尊重事实和证据，倡导严谨务实的知识态度，运用科学的思维方法认识事物，解决实际问题。

（3）科学探究：发现现实世界中的生物问题，针对特定的生物现象进行观察、提问、设计实验、实施程序、交流讨论结果的能力。

（4）社会责任：以生物学知识为基础，参与个人和社会事务的讨论，做出理性的解释和判断，努力解决生产生活中生物问题的责任和能力。

大家看，生物学课程标准中对于学生能力的要求是不是凸显了"素质教育"？课程对于老师教学的要求是，要教给学生那些他们离开学校 40 年后都不会忘记的东西，那就是生物学的世界观（生命观念）和方法论（科学思维、科学探究）。

发展核心素养为什么能适应 AI 时代的要求？不知道大家是否还记得，在图 3-4 中，受 ChatGPT 冲击最小的是科学思维，冲击的相关性是 -0.23。也就是说，如果未来某个职业对科学思维的依赖度很高，那么其受 ChatGPT 冲击的程度反而会很小，职业生涯会更安全。

自从开启新一轮课程改革后，我们在日常教学中，就是通过一个个实验、案例、概念来给学生落实这些核心素养的。这里我举一个真实的课堂案例：有人说给植物施用植物激素后得到的"激素水果"会导致儿童性早熟，这种说法对不对？这个问题就涉及高中生物课本中"动植物激素生命活动的调节"一章的内容。

如果你学过这些知识，其实是可以推断出答案的，这就运用到学习培养的科学思维的能力：你可以从植物激素与动物激素的不同来分析，在农业生产中，植物激素可能被用于促进果实生长或改变植物的其他生长特性。这些激素主要影响植物的生长，并不同于动物或人类体内的激素；你也可以从导致性早熟成因的角度来分析，性早熟通常是由于儿童体内的性激素过早或过量分泌。性早熟的原因可能很复杂，包括遗传因素、环境因素、营养状况等，并没有充分的科学证据表明食用被施用了植物激素的水果和蔬菜会导致性早熟。

如果你想证明你的推断，那么可以设计几组不同的实验，比如普通水果＋蒸馏水、激素水果＋蒸馏水、普通水果＋激素等，然后用它们分别饲喂实验动物（如小鼠、小兔等），观察实验动物性早熟的现象。可见，从猜想到实验验证再到结论形成的过程，我们就用到了科学探究。同时，针对这一观点，我们还能以生物学知识为基础去讨论社会事务，破除不合理的说法，这也是落实社会责任的体现。

这就是我们每天都在课堂中培养学生发展的能力和素养。所以，大家不必把"现在"和"未来"对立起来，也不必那么惊慌，其实，你只要上课好好听课，下课加强练习，建立好自己的科学思维模型，就是在为未来做准备了。

三、保证当下发展且着眼于未来的 5 条建议

除此之外，我还有 5 条既能保证当下发展又能着眼于未来的建议供大家参考，如图 3–10 所示。

图 3-10 既能保证当下发展又能着眼于未来的 5 条建议

1. 发现天赋，制定战略，明确自己的长期目标

发现自己的天赋，思考自己到底喜欢什么、擅长什么。可以去尝试不同的活动和兴趣领域，关注自己在哪些活动中最为兴奋和投入。

还可以从家人、朋友、老师或同事那里获取反馈，他们可能会提供不同的视角，帮助我们认识到自己的特长和潜力。

制定战略，能让我们以终为始，从未来的结果出发，顺着时间轴倒推，找到每一个节点的最优选择，然后再把这些节点都串联到一起，获得一套整体的、从现在到未来的战略规划。而一个人的长期目标通常与个人的兴趣和热情密切相关，我们可以在一边探索、一边发现自我的过程中，确定最关心的事物和想要追求的事物，然后设定一个清晰、具体的长期目标，并为实现这些长期目标制订具体的行动计划。

2. 掌握高效学习的方法，培养终身学习的能力

如果现阶段学习的主要目的是通过考试，那我们最好能用最短的时间"应付"考试，把节省下来的时间去发展更多的兴趣、特长和爱好。如果把学习和考试比喻成一场游戏，我希望大家能掌握游戏的"通关攻略"，包括怎么预习、怎么听讲、怎么复习、怎么做时间管理等，然后用最短的时间取得最高的分数。这是我一直以来做教育的初心，所以，我写了第 1 节中提到的那一系列书，从神经生物学、认知科学、脑科学等学科视角出发，来给大家提供一套高效学习的方法。

我觉得，学会学习是一项非常重要的能力。我们不仅仅是为了考

大学而学习，更重要的是，无论什么时候，我们都要培养自己的终身学习能力，只有这样，我们才能灵活应对这个快速变化的世界，才能在未来的职业发展中更具竞争力，实现自我成长。**这个世界，正在奖励那些会学习的人。**

3. 建立良好的身体系统

大家应该还记得，我在第 2 章中提到过，人和 AI 最本质的区别是人拥有身体（具身智能、情感智能、存在智能），所以，对我们来说，身体健康（以及心理健康）显得格外重要。健康的身体可以为我们提供更好的适应能力，帮助我们应对各种挑战和压力，也是我们享受生活和保持高质量生活方式的基础。健康的身体还能帮助我们增强记忆力、注意力和创造力，从而提升工作表现。所以，我们要加强体育锻炼，给自己制订健康计划和运动计划，保证每天都好好吃饭、好好睡觉、好好运动。

4. 学会利用课外资源

如今，技术的进步让信息的获取变得非常便捷，课本不再是获取知识的唯一来源，我们可以利用课外图书、在线课程、讲座、研讨会等资源来扩展知识和技能，这些资源可以帮助我们在学校教育之外获得更广泛的视野。

5. 参加学术实践活动和社团活动

通过参加学术实践活动和社团活动，能使我们将课堂上学到的理论知识应用于实际情境中，从而加深理解并提升解决实际问题的能力。我经常鼓励我的学生参与实验室工作、社会实践、志愿服务或创业项目，这样他们就可以在解决真实问题中学习和成长。同时，在社团活动和学术实践中，还可以增加我们与他人交流、协作的机会，提升我们了解和处理人际关系、领导团队以及解决冲突的能力。

第 6 节　未来学习什么专业才能跟上 AI 时代的步伐

正如阿玛拉定律所说：人们总是高估一项科技所带来的短期效益，却又低估它的长期影响。毫无疑问，无论是在当下还是可预见的未来，AI 科技都会以无法阻挡的步伐深刻改变人类文明的所有维度。

很多学生问我，未来学习什么专业才能跟上 AI 时代的步伐？

这是一个很好的问题，我相信很多学生和家长也在思考这一问题，下面我跟大家分享一下我的思考。当然，我并不是专业的规划师，我只是根据自己的判断写出了一点儿浅薄的认知，如果有不认同的地方请大家担待。

一、数学、物理等基础专业

被 AI 替代的可能性：较低

就业综合竞争力：★★★★★

在本科阶段，我首先推荐的是基础科学的一些专业，比如数学、物理、化学等。

新时代下，我国经济发展面临着转型升级的压力，对创新型人才的需求越来越迫切。同时，随着国际竞争的加剧，加强基础学科研究和拔尖创新人才培养已经成为国家核心竞争力的重要因素。大家可以关注一下近期国家出台的文件和报告，无论是写在二十大报告里的创新人才的选拔与培养，还是已经在各个高校出台的强基计划，都指向了基础学科，希望选拔一批有志于基础学科研究、具备创新能力和领导潜力的优秀学子，为国家的科技发展做贡献。

而且，基础科学专业也为我们后续的学习和工作提供了坚实的理论基础，培养了我们分析和解决复杂问题、抽象思维以及创新的能力，无论将来做什么，这些知识和能力都是理解更高级、更复杂的科学和技术概念的基石。更关键的是，基础科学专业的毕业生通常有广泛的职业选择，未来可以进入教育、研究、工程、数据分析、金融等多个领域。

二、人工智能、计算机等专业

被 AI 替代的可能性：出现分化，中下游院校相关专业慎重选择

就业综合竞争力：★★★★

尽管 AI 对计算机类专业的冲击很大，但是，这类专业仍然是工科学生的首选。这是因为计算机科学是当代技术发展的核心，从云计算到大数据，从物联网到人工智能，几乎所有前沿技术领域都与计算机科学密切相关。计算机科学所涵盖的技能（如编程、系统设计、算法思维等）具有很高的可转移性，可以应用于不同的领域和职业路径。而且，计算机领域有广泛的应用前景和就业前景，涉及医疗、金融、教育、娱乐、制造业等。但如果是中下游院校的人工智能专业，则要慎重选择，你需要想想拿什么与重点院校的学生对决。

这里我为什么没有首选推荐人工智能、计算机呢？因为数学是"道"，计算机是"术"。给大家举个例子。作为现代计算机科学和人工智能之父，艾伦·马西森·图灵（Alan Mathison Turing）的教育背景就深深扎根于数学，图灵对数学的深入理解使他开创性地提出了"图灵机"的概念，这是现代计算机理论的基础。此后，在第二次世界大战期间，图灵利用他的数学和逻辑技能，破解了德国的恩尼格玛密码机，对战争的胜利做出了巨大贡献。数学是所有专业的基础，打好数学底子，将来学习什么专业都不会太难。我通常建议学生在读本科时选择数学专业，读硕士和博士时再选计算机专业。有了过硬的数学底子，将来遇到难题时就都能解决了。

三、哲学、心理学、教育学等专业

被 AI 替代的可能性：中等

就业综合竞争力：★ ★ ★ ★ ★

如果数学成绩和物理成绩都很差，那文科类的学科有没有好的选择呢？我推荐哲学、心理学、教育学等专业。心理学（包括认知科学等）专注于研究人类行为、思维过程和情感，这些领域涉及的问题复杂且深刻，AI 无法完全模拟或替代。哲学，特别是伦理学，探讨的是道德和价值判断的问题，AI 更是无法涉足，因为这是关乎人类自身的事情。教育学，不是教知识，而是培养人，AI 不可能替代老师的全部职责。

这些专业都有比较好的就业前景。随着社会对心理健康问题关注度的提升，心理咨询、临床心理学等领域对心理学专业毕业生的需求正在增长。另外，认知科学和心理学专业的毕业生可以在用户体验设计、市场研究等领域发挥重要作用，因为这些领域需要深入理解用户的心理和行为模式。在学术领域，哲学、心理学和认知科学专业的毕业生享有广泛的教育和研究机遇。探索如何利用人工智能来反观人类自身，以及研究人脑的运作机制，都是现代前沿科学的重大研究方向。

四、临床医学/口腔医学专业

被 AI 替代的可能性：较低（不包括医学影像等）

就业综合竞争力：★★★★★

对于治病救人的工作，AI 是很难替代的。即使 AI 可以通过大数据帮助医生做预测，但最后做决策的还是医生本人；即使现在有手术机器人，但它也只能替代医生的一小部分工作。虽然看起来医生干的是一项技术活，但他们也要与人打交道，"三分治疗，七分帮助，十分安慰"，医学也是一门具有温度和人文关怀的艺术。

读医学专业可能会比较辛苦，周期相对较长，不过，只要能拿到比较好的医学院的硕士及以上学位，就业就非常有保障。可以说，医学是回报稳定性较高的专业选择。有一次，我和一个在清华大学工作的好朋友聊天时，她半开玩笑地说，她家的孩子就不会和大家一起"卷"，她对孩子要求也不高，能自己开个诊所或做个牙医就可以，这样不仅工作压力相对较小、时间自由，收入也有一定的保障。

五、生物学、化学、环境、材料等专业

被 AI 替代的可能性：较低（不包括医学影像等）

就业综合竞争力：★★★

有人会说："这不就是典型的生化环材的'天坑'专业吗？这是要把我们往'坑'里推吗？"这个问题我在第 2 章中就和大家探讨过了。生化环材之所以被一些人视为"天坑"专业，通常是因为相比其他专业（如计算机科学等），这些专业的毕业生在短期内可能不太容易找到高薪工作，或者看起来职业前景不那么明朗，但这些专业仍有其独特价值和长远发展潜力。

生物学、化学等基础科学是理解自然界和开发新技术的基础，是当今科技发展的热点和前沿领域，比如生物技术、纳米材料，这些领域的研究对于医学、环保、新材料等领域的发展至关重要，在解决全球性问题（如气候变化、能源危机等）中发挥着关键作用。虽然目前来说这些专业的就业前景没有那么乐观，但是，我觉得在未来还是很值得期待的。我国正处于科技兴国的关键时期，各个尖端科技领域正在快速发展，许多大学和研究所亟需生化环材等领域的尖端人才，例如，颜宁老师在 2023 年当选中国科学院院士后，就在深圳创办成立了深圳医学科学院，服务于科研、教育、产业孵化和创新。

不仅仅是学术界，产业界也非常需要这方面的人才。许多产业

（如制药、生物技术、环保、新能源、新材料等）需要这些领域的专业知识。而且，随着科技的发展，这些领域与计算机科学、人工智能等技术的结合会越来越紧密，比如在生物信息学、环境监测技术等领域。所以，尽管短期内这些专业可能面临就业挑战，但从长期来看，它们在科技和社会发展中占据重要位置。

分析了这么多，其实专业选择只是一个宏观方向的判断。事实上，学什么专业与未来的就业并不是完全的正相关关系。我们要**从实际问题出发，不用太在意自己到底学的什么专业，只要想尽各种办法去解决问题即可**。

本节最后，我想以一个高中生的故事结尾，希望能引发大家的思考。

2019 年 1 月，一个叫劳拉·奥沙利文（Laura O'Sullivan）的人，在爱尔兰青年科学家大赛中得了奖，因为她训练出来的 AI，对宫颈癌判断的准确率超过了人类医生。

劳拉是谁？是个数学天才吗？是个编程高手吗？是个医学圣手吗？都不是，她是一个仅有 16 岁的高中女生。

为什么一个 16 岁的高中女生就能做出这么厉害的 AI 工具？她到底做了什么？

故事始于一个名叫薇姬·费伦（Vicky Phelan）的爱尔兰女性，她在 2011 年被诊断患有晚期宫颈癌，后来她发现她的宫颈癌筛查结果曾被错误报告为阴性，而她并没有被通知这是一个错误，直到病情恶化到无法治愈的阶段，她重新调取记录的时候才发现。而且，不仅仅是薇姬·费伦，有将近 200 名女性在宫颈癌筛查时都被报告为阴性，结果却得了癌症，当时这一新闻闹得沸沸扬扬。

劳拉对这个新闻产生了浓厚的兴趣，她意识到这个问题的实质其实就是图像识别问题。她之前参加过编码培训，会简单编程，也在 Cousera 网站学过一点儿关于机器学习和深度学习的在线课程，知道怎么搭建卷积神经网络，这就是她知识的原始积累，但其实懂得这些就已经足够了。

真正的难题不在于编程，而在于数据获取。于是，她联系了丹麦的一家医院，获取了宫颈涂片的开源数据集，但是数据集不太理想，因为大部分是病变的图片，健康的图片很少，AI 无法直接对比。

那怎么办呢？她想到了生成式对抗网络（GAN），这是一种可以自己"举一反三"的技术，相当于自己生成与自己类似的样本，用自己生成的数据训练自己。但是，她只是模模糊糊地听说过这种技术，于是她去学习了一下 GAN 的工作原理，当然也不是真的搞懂了，因为根本不需要完全搞懂，只要能在 GitHub 网站上找到现成的 GAN 代码就足够了。

万事俱备，可以开始行动了。于是，劳拉在她爸爸的笔记本计算机上，用下载的数据和代码，通过不断地调试和评估，就把这个应用做出来了。

　　不知道你从这个故事中读到了什么？我想和大家传达的思想是，本节虽然是在讲专业选择，但到最后，我想让你放下执念，不要去思考与专业选择相关的太多问题，因为在未来，具体的专业可能没有那么重要，能识别问题、看到问题，并用各个学科专业手段去创造性地解决问题才是关键（劳拉这个项目就是生物学、医学和计算机科学交叉的典范）。在不断变化的工作环境中，只有拥有多学科背景，再加上终身学习和不断更新知识，才能适应新的挑战和变化。

第 7 节 未来选择什么样的工作才能不掉队

Midjourney 的创始人戴维·霍尔兹（David Holz）说："AI 是水，而非老虎。水固然危险，但你可以学着游泳，可以造舟，可以造堤坝，还能借此发电；水固然危险，却是文明的驱动力，人类之所以进步，正是因为我们知道如何与水相处并利用好它，水给予更多的是机会。"

在本节中，我想跟大家讲讲 AI 时代的职业选择。不过，在此之前，我先给大家讲一个关于自我认知的专业选择模型，这是思考"我到底未来要做什么"的底层逻辑，如图 3–11 所示。我们可以用 16 个字来概括这个模型：择己所爱、择己所长、择己所利、择世所需。这个模型不仅适用于专业选择，也是在未来某个时刻，当我们感到迷茫的时候，在职业选择、人生选择中，能帮助我们做好理性判断的重要模型之一。

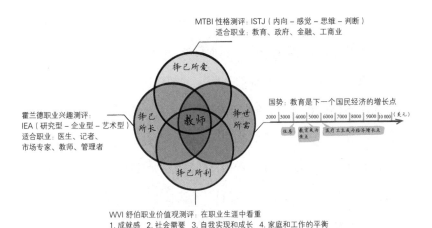

图 3-11　自我认知的专业选择模型

　　所谓择己所爱，就是选择自己喜欢的专业。但怎么确定自己喜欢什么呢？就是要在平时发现自己的天赋，看看自己做什么事情时眼睛会放光，会进入心流状态。当然，也可以借助一些测评工具来了解自己的性格特征，比如当下最流行的 MTBI 性格测评。我自己也做了一下这个测试，我是 ISTJ 型人格，根据测评软件的分析结果，我适合从事的领域包括教育、政府、金融和工商业。

　　所谓择己所长，就是选择自己擅长的事情。我原来教过的实验班的一个学生，她的高考成绩是当年北京市高考综合排名的第一名，最后她报考了北京大学的中文系。其实她的数学成绩很不错，高考考了140 分，但是，她坚定地拒绝报考数学专业。她说："虽然我有能力学好数学，但是我并不擅长这一学科，因为我是花了比其他同学更多的时间才把数学成绩提上来的。"由此可见，我们要选择一个自己擅长的领域。关于这方面也有相关的测评，比如霍兰德职业兴趣测评，我的测评结果显示，适合我的职业是医生、记者、教师等。

所谓择己所利，就是选择与自己价值观相匹配的专业。我们要问问自己，在未来的职业选择中，最看重的是什么，比如是觉得赚钱最重要？还是满足自我实现和自我成长更重要？是一心发展事业？还是家庭和事业两不误？这些都是我们在成长的过程中需要不断思考的问题。这些问题也可以通过一些测试进行自我了解，比如WVI 舒伯职业价值观测评。对我来说，最看重的是个人的成就感和社会需要。

所谓择世所需，就是要顺应潮流，做符合时代发展、大势所趋的事业。我们要知道，世界发展的未来趋势是什么、国家发展的重要战略方向是哪里，以及哪些方面的人才需求最迫切。我记得我刚开始做职业选择那段时间正好在和君商学院上课，当时王明夫先生对我们提到，要顺着产业发展的脉络来看行业的增长点，所以教育、医疗、科技一定是未来的大方向。

择己所爱、择己所长、择己所利、择世所需，这正是我当时选择做老师的重要原因，现在看起来，这些观点也不过时，因为它们是我们个人成长中最底层的东西，也是随着时间变化不会改变的东西。这就是面对未来我们做选择的根本出发点。

那么，未来到底什么样的工作不会被 AI 替代？我们又该何去何从呢？我在阅读大量文献和图书后，整理出了三大类行业，分别是大势所趋的新兴行业、穿越周期的传统行业和沟通互动的服务行业，如图 3-12 所示。

图 3-12　AI 时代的行业选择

下面我分别来聊一下这三大类行业。

一、大势所趋的新兴行业

行业代表：计算、能源、生物、制造等领域的科学家、工程师和创业者

阿奇姆·阿扎尔（Azeem Azhar）在《指数时代》一书中提到：当今有 4 项关键技术正在呈现指数级增长趋势，它们之间的互动构成了全球经济的基石，这 4 项技术分别是计算、能源、生物和制造。

快速发展的计算能力使得大数据分析、机器学习和人工智能得以实现；能源技术的创新对于应对气候变化、减少环境污染和推动经济发展至关重要；基因编辑、合成生物学等生物技术为治疗疾病、提高农作物产量以及解决环境问题提供了新的手段；制造业正在经历数字化转型，其中包括自动化、机器人技术、3D 打印、智能制造等。这些技术相互协同、相互作用，不仅能提高生产效率，还允许更加个性化和灵活的生产方式，从而对全球经济结构产生重大影响。

科学家、工程师和创业者完全不会被 AI 替代，因为与常人相比，他们拥有更强大的创造力、直觉感知力、道德判断力和复杂的人际交往能力。许多科学问题和工程问题的解决涉及对复杂系统的理解和对多变量的综合考量，需要根据特定的情境做出调整和适应。而创业者的成功不仅取决于技术知识，还依赖于对市场的理解、风险管理能

力、领导力和人脉资源，这么复杂的事情目前 AI 还不可能做到。

所以，科学家、工程师和创业者是现阶段我最推崇的职业方向。

二、穿越时代周期的传统行业

行业代表：医生、教师、律师、记者等

医生、教师、律师、记者等职业的核心要素包含着深层次不变的人性（如人类情感、道德判断等）和复杂的人际互动，这些是目前和可预见的未来 AI 都难以完全实现的。

例如，在情感与同理心方面，医生在治疗病人时，不仅要考虑病人的生理状况，还要关注病人的情感和心理需求。教师在教学过程中，不仅是教知识，更多的是要关注学生的情感发展和个性化需求。

又如，在沟通与说服方面，律师的工作涉及复杂的法律论证和案件策略制定，这不仅需要深厚的法律知识，还需要强大的逻辑思维、沟通能力和说服技巧。记者的工作涉及新闻采集、调查和报道，这不仅需要收集事实，还需要对事件进行深入分析和批判性报道。

三、沟通互动的服务行业

行业代表：泥瓦工、体育教练、足疗师、美甲师等

泥瓦工、足疗师、美甲师等以人为本的服务行业很难被 AI 替代，因为这些行业的核心是基于人类的沟通、互动以及个性化服务。

以家庭装修中的泥瓦工为例。大家知道现在一个泥瓦工一个月的收入是多少吗？学徒期间，包吃住一个月 5000 元；学徒期过了，自己出来干活，好的话能达到一个月大概 25 000 元，这比一般的白领工资都要高。小红书上泥瓦工学徒招聘的广告语特别直白：一年买车三年买房，待遇高过大学生。这是 AI 时代的新特点——"蓝领的中产化"，也就是说，从事蓝领工作的人，在收入等方面持续提升，已逐渐成为城市新中产。

再说说体育教练。以篮球教练为例，一名合格的篮球教练首先要能够深入理解人体生理和运动学，并具有多年实践经验，然后再根据每个学员的技能水平和学习速度来调整教学方法。美国劳工统计局数据显示，体育教练的就业预计在 2020 至 2030 年间增长 26%，这反映了体育教学领域对人类专业知识的持续需求。

服务市场持续增长，尤其在个性化和高端服务领域。在足疗、美甲等服务中，服务者提供的特定的按摩手法、美甲样式等都需要直接的人体接触和精细的操作，这一点 AI 难以完全模拟。虽然 AI 和自动

化技术可能会在某些方面辅助这些行业，但以人为本的核心价值和服务特质使得这些职业在未来依然可以保持不可替代性。

以上关于行业的未来趋势是我的一点儿鄙薄的判断，大家兼听则可。AI 的出现给我们提供了无限可能。亚伯拉罕·马斯洛（Abraham Maslow）曾说过："一个人最大的失败就是没有机会实现自我。"当 AI 给我们的经济赋能，使得物质资源越来越丰饶的时候，我们每个人都有追寻自我实现的可能性。

祝愿我的每一位读者在 AI 时代都能找到自己的人生使命，完成更高层次的自我追求，实现自己的人生价值。

唯有创造，方能成就自我；唯有前行，方显生命价值。

后　记

　　党的二十大报告部署了"全面提高人才自主培养质量，着力造就拔尖创新人才，聚天下英才而用之"的战略任务。这对整个教育体系提出了更为艰巨的挑战，但也为其带来了重要的发展机遇。加强拔尖创新人才自主培养应该成为中国教育现代化的应有之义，同时，这也是教育高质量发展的内在要求。

　　作为一名教育工作者，我一直在思考，如何培养拔尖创新人才？

　　要培养拔尖创新人才，我们首先要搞清楚什么是拔尖创新人才，因为定义问题是解决问题的前提。通常意义上来说，拔尖创新人才是对各个行业发展起模范带头作用的领军人物。然而，这样的定义显然有些笼统，甚至研究这一领域的学者们对于拔尖创新人才所涉及的内涵问题和外延问题仍未达成共识。拔尖创新人才到底是智商测试优秀的孩子？还是在各个领域具备不同天赋的孩子？如果说数理逻辑优异的人是拔尖创新人才，那么，拥有创新创造能力、领导力、艺术或体育才能的人是否也属于拔尖创新人才？拔尖创新人才是天生的还是后天培养的？

提起拔尖创新人才，不知道大家的第一印象是什么？在大多数人的认知和话语体系中，在中学里选择拔尖创新人才基本上等同于竞赛生的培养。这样做的理论根据是，拔尖创新人才主要受个人天赋影响。在生物学理论上，确实人群中会有 1% ～ 5% 的人属于天赋异禀、智商超群的人，我们可以通过智力或心理等量表测评、纸笔测试、面试等方式把这些天赋优异的学生筛选出来，并给他们提供适合的课程体系，因材施教，通过一定程度的超前学习，让他们完成更高难度的课程。图 A-1 是现阶段一些学校对拔尖创新人才的培养模式。

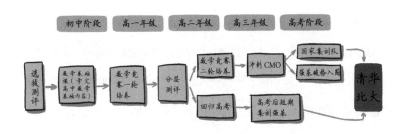

图 A-1 现阶段一些学校对拔尖创新人才的培养模式

但是，我一直有一个疑问，这样的竞赛课程其实需要在非常好的学校并且有非常优秀的师资力量的情况下才能开起来，那普通的学校怎么办？我是山西人，据我所知，山西只有少数示范性中学能够开展且开齐竞赛课程、培养竞赛生，而其他大多数学校，特别是广大的县域、乡村中学，很难有这种实力。因此，这些学校的大多数学生只能通过高考这一条路径在竞争中脱颖而出。那么，县域中学的拔尖创新人才该如何选拔和培养？我自己就是从县域中学走出来的学生，我相信，有很多学生是没有机会成为拔尖创新人才，而不是自身能力不行。

于是，我就在想，除了通过提前学、培养竞赛生的方式，有没有培养拔尖创新人才的其他方式呢？我们能不能从历史上来找答案？我读了很多书，发现一个现象，很多我们所认为的创新型人才，或者历史上杰出的大师们，几乎都是扎堆出现的。例如，盛唐时代的那些大诗人，他们都是一个朋友圈的人，彼此几乎都认识；西方的"文艺复兴三杰"——达·芬奇（Leonardo da Vinci）、米开朗琪罗·博那罗蒂（Michelangelo Buonarroti）、拉斐尔·桑西（Raffaello Santi），他们彼此年龄相差不过 30 岁，而且也都相互认识；在 1927 年举办的著名的索尔维国际会议上，29 位与会者全是物理学"大牛"，其中 17 位是诺贝尔奖得主。那为什么天才总是扎堆出现呢？最可能的原因，不是刚好有这么多天才碰到了一起，而是当时、当地那样的环境塑造了这样一群天才。这意味着，环境是很重要的因素，环境为创新人才的成长提供了合适的土壤。

这仿佛为县域中学突围铺设了一条道路：给所有的学生提供自由

宽松、充满挑战性和支持性的学习环境，助力他们当中的一些人脱颖而出成为拔尖创新人才。事实上，只要给予合适的环境，每个人都能成才。世界教育心理学家霍华德·加德纳博士提出的"多元智能理论"认为，不同孩子的智力有不同的表现形式，每个孩子都能成为创新人才。

保罗·A. 威蒂（Paul A. Witty，P.A.）认为，拔尖创新人才的定义应该是：任何有天赋的学生都是有潜质成为拔尖人才的，只要他们在有价值的人类活动中表现突出。所谓的拔尖创新人才，"拔尖"是人才发展的"将来时"，而创新是每个人与生俱来的天性，所有具有创新素养的学生在未来都有可能成为"拔尖人才"。因此，中小学阶段的拔尖创新人才是指所有具有创新潜质的学生，培养拔尖创新人才应该面对的是全体学生。

有人会说："我们不是在讲 AI 吗？怎么和拔尖创新人才扯上关系了？"

这是因为，本书是一本讲教育的书，AI 无论多么强大，也只是教育的工具，并不能脱离人的主体性而存在。这些年来，我一直思考的问题就是如何做教育、如何培养人才。有了 AI，我觉得这些难题就有解决方案了。所以，当 ChatGPT 等大模型工具发布的时候，我第一时间把国内类似的大模型用在了课堂上，希望我和我的学生们能成为第一批实践者。我相信，AI 一定会"倒逼"教育回归其价值属性，实现教育的个性化、差异化和定制化，让所有的学生都能被关注到。

然而，归根结底，AI 只是工具，而我们作为教育工作者，思考的是人的发展，这也是教师根本不会被替代的原因。那么，作为教育工作者，我们应该如何做呢？

首先，要从教育学的角度去思考问题。历史告诉我们，技术可以推动教育变革，但是真正决定教育变革方向的仍然是教育本身。教育有其质的规定性、内在规律性和稳定性，无论技术如何发展、数字转型如何推进、教和学的方式如何变化、学校的组织形态如何调整，教育的许多内容（比如教育的目的、属性、本质、规律，学生全面而有个性的发展，和谐的师生关系，等等）是我们始终要坚守的。此外，我们也要清醒地认识到，在技术高速发展的情况下，不同地区、不同条件的学校可能会由于客观条件的局限而形成新的技术鸿沟，在技术鸿沟的基础上可能会导致新的教育不公平。这种不公平可能会比过去的不公平更加难以补偿，因为它不仅涉及硬件，还涉及软件。对信息化手段的过度依赖，还可能对师生关系、学生身心健康、校园文化等产生消极影响。因此，我们要深刻理解技术变革与教育发展的关系，要认识到教育的过程永远是情感和精神的活动过程，教育的质量取决于"教与学两类主体之间知识转换及思想与情感交流的质量"。

其次，既然讲到培养人，就要提到"立德树人"是教育的根本任务。要在立德树人的理论上拔高，则需要千千万万个教师、无数个热情的灵魂共同完成。

每个孩子都是本自具足的，教育者所做的不过是将其唤醒，把他们不同方面的创造力激发出来，让每个学生都被看见。

所以，这些年来，我一直在教育一线，一边实践、一边做研究，思考在 AI 时代，创新人才的培养模式。我希望这些实践和研究能够形成一套系统的解决方案，于是我写了一系列的书（参见图 A-2）。本书是我在研究学生学习方面，从人工智能反观人脑学习方式，从认知心理学、神经生物学、计算机科学等方面理解人脑运作机制的成果。希望本书能够帮助大家学得高效、学得快乐、学得有趣，站在当下和未来知道应该如何做。

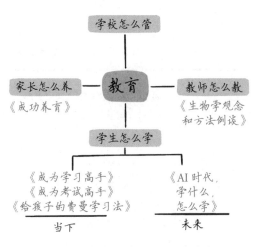

图 A-2　近些年出版作品的思考框架

在写作本书的过程中，我耗费了大量的精力和心血，查阅了非常多的资料，运用了很多平时教学中的实例，试图回答"为什么人工智能会重塑教育？""AI 时代我们需要具备的八大能力是什么？"以及"面向未来，我们应该做什么准备？"这些问题是我在日常教学中被学生和家长问得最多的问题，我希望把它们整理出来，一一回答。图A-3 是本书的思维导图。

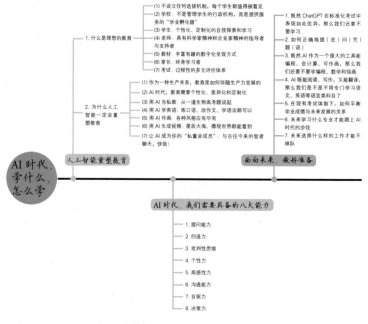

图 A-3　本书思维导图

当然，由于我学的不是计算机、人工智能专业，只是从一个教育者的角度去看 AI 对我们的影响，因此书中难免有不足之处，敬请各位读者批评指正。若大家有不同见解，我们可以一起切磋讨论。在此感谢创新人才教育研究会副会长巩翔老师以及北京寰宇通桥国际教育投资有限公司董事姜扬对本书提出的宝贵意见。

希望无论你是一个学生、一位家长或是一名教育者，都愿意翻开这本小书，读上那么两页。

最后，欢迎大家关注我的小红书、微信公众号 @ 和渊老师或者抖音号、视频号 @ 清华和渊博士，期待与你共鸣！

本书为全国教育科学规划教育部青年课题"普通高中生命教育'大健康'课程群的构建研究（EHA200423）"的研究成果。